PLC应用综合实训教程

PLC YINGYONG ZONGHE SHIXUN JIAOCHENG

肖凤　丁艳华　主编

镇　江

图书在版编目(CIP)数据

PLC应用综合实训教程 / 肖凤，丁艳华主编. —镇江：江苏大学出版社，2016.12
ISBN 978-7-5684-0367-2

Ⅰ. ①P… Ⅱ. ①肖… ②丁… Ⅲ. ①PLC技术—教材 Ⅳ. ①TM571.6

中国版本图书馆CIP数据核字(2016)第321847号

PLC应用综合实训教程

主　　编/肖　凤　丁艳华
责任编辑/郑晨晖
出版发行/江苏大学出版社
地　　址/江苏省镇江市梦溪园巷30号(邮编：212003)
电　　话/0511-84446464(传真)
网　　址/http://press.ujs.edu.cn
排　　版/镇江华翔票证印务有限公司
印　　刷/丹阳市兴华印刷厂
开　　本/787 mm×1 092mm　1/16
印　　张/11.75
字　　数/289千字
版　　次/2016年12月第1版　2016年12月第1次印刷
书　　号/ISBN 978-7-5684-0367-2
定　　价/25.00元

如有印装质量问题请与本社营销部联系(电话:0511-84440882)

前　　言

可编程控制器(PLC)是工业生产的三大支柱之一,它以微处理器技术为核心,将微型计算机技术、自动控制技术和通信技术有机融合,广泛应用于工业企业的各个领域。学习、掌握和应用 PLC 技术具有十分重要的意义。

PLC 应用综合实训教程基于江苏大学机电实验室多年的 PLC 电工实训的教学经验,在既有《PLC 电工实训指导书》基础上编写,既有开展实训的必要基础知识及安全知识介绍,又由浅入深、循序渐进、以学生个体差异为导向编写各层次的实训项目,旨在培养学生电工技术水平、PLC 控制应用能力及实践动手能力等,以期达到满意的教学效果。

本书内容包括两大部分,第一部分由四个章节组成。第一章是实训安全须知及实训设备的认知,对整个实训注意事项、操作规程及实训设备做介绍,使学生在实训过程中能够按照规则进行操作,正确使用设备,避免损坏设备和危及人身安全。第二章到第四章为实训基础知识。第二章介绍常用低压电器,包括主令器件、继电器和接触器等常用的电气元件;第三章为这些常用低压电器在电动机控制中的应用;第四章为可编程序逻辑控制器 PLC 及其应用基础的介绍,包括 PLC 的定义、由来、发展、工作原理、应用接线、编程软件及 PLC 的应用案例。PLC 上手应用案例采用实训项目的训练方式,由浅入深、循序渐进,逐项目进展。第二部分为实训课题,由两个章节组成。第五章为电动机的 PLC 控制,涉及 PLC 控制和电气主电路的结合,旨在培养学生对电动机 PLC 控制的能力,进一步提高学生的编程和调试能力。第六章为拓展项目,是采用 PLC 做一些复杂系统的综合设计。

本书主要由肖凤、丁艳华编写,参加编写的还有刘文生、张新星、顾建、王富良、房义军等。

在本书的编写过程中,编者参考了一些书刊杂志,在此向相关作者表示感谢!

由于作者水平有限,书中难免有不当或错误之处,恳请读者批评指正。

目　录

实训须知

PLC 应用综合实训是工科类专业学生的重要实践性环节,其教学目的是通过学生自己动手、独立操作的实训过程,使学生全面掌握电工的基本知识、基本操作,常用电气设备的使用与维护,电路故障的分析与处理,PLC 的基础知识及 PLC 在电气控制中的综合应用;同时通过实训使学生树立起安全生产的意识并养成严谨的工作作风。为此,提出如下具体要求:

(1) 实训前应认真预习、阅读有关教材,熟悉实训台的操作规程和安全注意事项。

(2) 实训以两人为一组,每两人使用一台实训台,且应互相配合,共同完成实训任务,不要有依赖。

(3) 实训台完好情况应及时汇报指导老师,遇到设备故障及时报告指导老师,禁止擅自更换位置。

(4) 每台实训台配有安全导线 50 根(长导线 25 根,短导线 25 根),不经许可不得拿其他实训台的导线。

(5)每次实训完毕,安全导线必须理顺放入实训台抽屉中,切断实训设备的所有电源,整理实训台面,桌椅摆放整齐。

(6) 实训台有集成电脑一台,机内存有实训相关的电子资料,可供同学自学和参数查找等,实训者不得擅自修改计算机的属性和设置。

(7) 离开实训室需向指导老师请假,未经指导老师允许不得将外人带进实训室。

(8) 不得在实训室内饮食及储存食品、饮料等个人生活物品,不得做与实训无关的事情。

(9) 整个实训室区域禁止吸烟。

(10) 班长负责日常点名、签到,检查实训台完好情况并向指导老师汇报,安排同学打扫实训室的环境卫生。

(11) 日常考勤将作为实训成绩的依据,实训环节有缺勤者需补做实训,不按要求补做者实训成绩认定为 0 分。

(12) 同学应听从班长和指导老师的安排,进入实训室不得嬉戏打闹,大声喧哗。

第1章 实训台

1.1 实训台的结构及其功能特点

实训中使用的是 GDXS－3 NET 型高性能电工实训台，此实训台由浙江高自公司和江苏大学联合研制，实训台配备各类常用低压电器、三相交流异步电动机、西门子 S7－200 系列 PLC、变频器、温度控制、送料装车等模块。其实物如图 1-1-1 所示。

图 1-1-1 实训台实物

实训台由高质量的专用实训桌和实训屏架两部分组成。实训台面板布置及外形示意如图 1-1-2 所示。实训台采用优质钢板模压制成，表面双层喷塑，造型美观，强度大、不变形。实训台底部有 4 个高强度的万向转轮，实训台移动灵活方便，总承载力约 3000 N；实训台尺寸为 1700 mm × 1665 mm × 720 mm。实训桌台板由防火耐热、高绝缘性能密度板制成。实训桌前设储物抽屉（可用于存放实训导线）、物柜，实训桌后面开门内设三相电源、熔断器、转换开关、空气自动开关、单极自动开关及联锁保护部件。

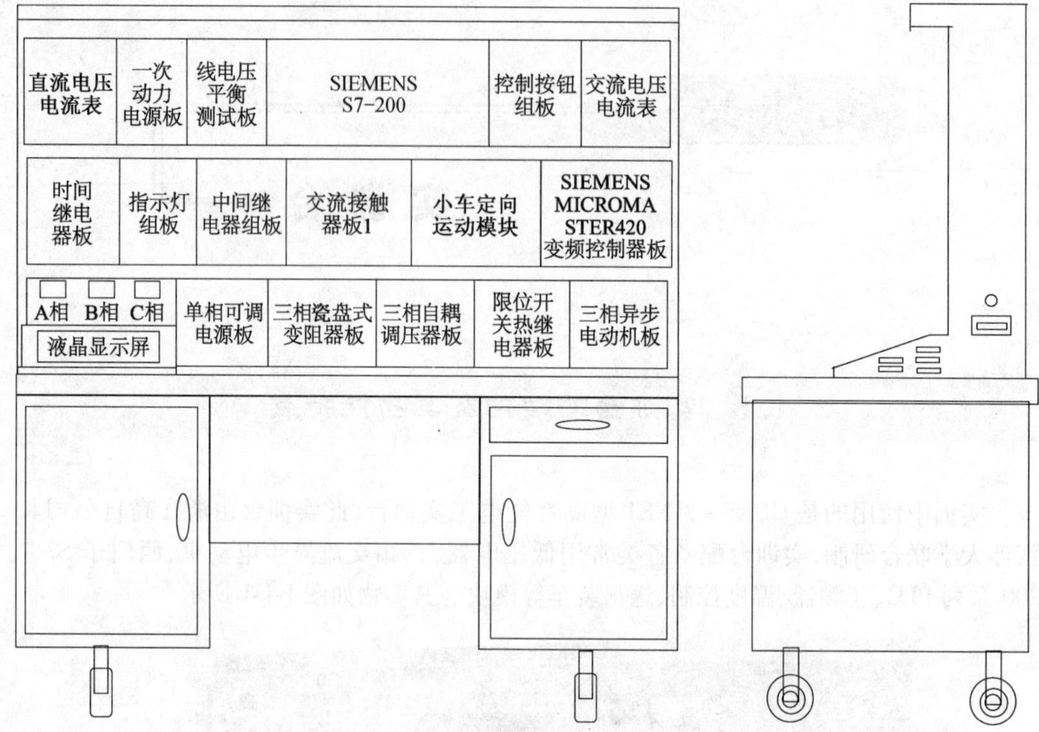

图 1-1-2 实训台面板布置及外形示意

实训屏架位于实训桌台板上方，实训屏架后面设有可开启的门，便于检查维护设备。实训屏架上方为双日光灯外照明，实训屏架前方为模块化组件面板，组件面板的模块化是设备的一大特点，组件面板共分三排，从上到下，第一排为交直流 0.5 级电压电流复合数显表模块、PLC 控制器及相关组件模块、一次动力电源模块、线电压测试模块、二次操作电源及按钮模块；第二排为时间继电器组板、中间继电器组板、交流接触器板、小车定向运动模块、变频控制器模块；第三排为三相异步电动机模块、限位开关和热继电器模块、三相抽头式自耦调压器组件、计算机显示器、三相瓷盘式变阻器模块、三相四线总电源、单相可调电源模块。每一组件模块均可移动，并可从设备上取下来，除这些模块外，实训台还另配三相异步电动机、直流励磁装置、涡流发生器、测速装置、自动送料小车模块、十字路口交通灯模块、装配流水线模块、分拣机械手、温度控制等单独件，用于扩充实训台的功能。

GDXS－3 NET 型高性能电工实训台结构新颖、优良，是大型综合性实训设备，其内容包括从简单到复杂的各种三相异步电动机控制应用实训、三相异步电动机 PLC 控制实训、三相异步电动机变频控制实训及 PLC 相关的综合实训。

本实训台采用了结构新颖的高性能电气测量仪表组件，不仅可以监测常规实训的全过程，还可增开多种提高性实训与设计性实训。

实训屏面板存储容量大，实训所需全部仪器仪表及设备的可操作部件均有序地装于面板之上，而且都处于待用状态，形成“全天候”式结构，可随时组合调用。进行任何实训无须挪动仪表或设备部件。可开实训的质和量较“配菜”式老结构大幅度提高。

1.2 实训台电源与保护系统

图1-2-1所示为实训台系统交流电源配电图。实训台进线电压为三相四线交流380 V/50 Hz。三相四线电网电源接入电源端子排，三相四线端子排出线：A，B，C分别接组合开关1ZK（HZ10－25/3）上桩头；N出线直接接入总电源板3DZ1上桩头。1ZK三极组合开关下桩头三相电源接螺旋熔断器1RL，1RL接20 A交流接触器1KG主触头（1KG受控于联锁信号），1KG主触头下桩头三相电源和N进线分别接入三相四线总电源板上的3DZl四极自动开关，3DZl下桩头作为三相四线工作母线分别接以下回路：① 三相四线动力电源；② 单相操作控制电源。

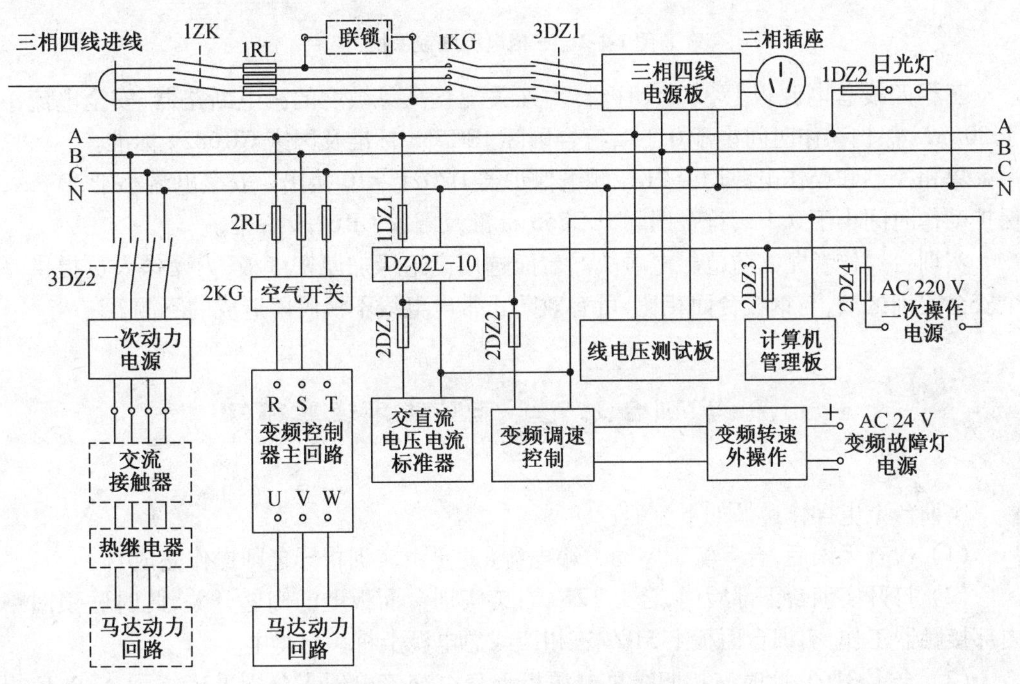

图1-2-1 实训台系统交流电源配电图

三相四线动力电源共分两路：其一为通过一次动力电源板上的3DZ2，供各动力主回路使用；其二为通过螺旋熔断器2RL接空气自动开关2KG，专供变频控制器主回路使用。单相控制和操作电源共分两路：其一为通过单极自动开关1DZ1接入触电保护器DZ02L－10再接各路用电单元的单极自动开关2DZ1，2DZ2，2DZ3，2DZ4；其二为通过单极自动开关1DZ2接入两套外照明日光灯回路。

本实训台采用多重安全保护措施，电源系统层层设防，确保实训台设备和使用者的人身安全。实训台台体下方设置专用接地端子，标有明显的标志牌。接地端子内部与台体金属部件妥善连接牢靠。外接接地导线截面大于1 mm^2，接地电阻小于4 Ω。实训台设有三相电源联锁保护：面板上三相四线总电源板的四极自动开关3DZl受控于电源系统联锁保护，其原理如图1-2-2所示。图中3K为旋转式钥匙开关，右旋开启电源时1KG

接触器线包得电，1KG 三对主触头闭合，三相四线总电源板上 3DZl 四极开关上桩头得电，只要合上 3DZl 电源系统即可运作；当实训中任何环节出现严重过载，超过热继电器电流整定值时，RJ 热继电器动断接点自动断开。KG 线包失电，3DZl 四极自动开关上桩头失电，保障实训设备安全。

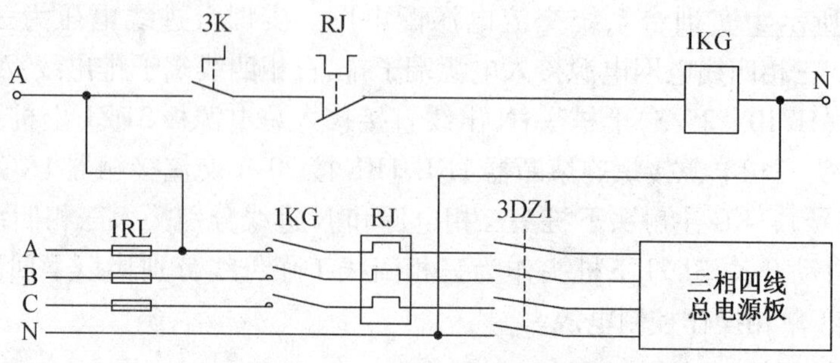

图 1-2-2 三相电源联锁保护

三相四线总电源板上 3DZl 四极自动开关配置高灵敏度的漏电断路器，安全电流小于 30 mA，保护动作时间小于 0.1 s，符合国际 IEC755 标准及国家 GB6829 标准。

单相控制和操作电源均由 2KG 触电保护器 DZ02L－10 接出。安全电流小于 30 mA，保护动作时间小于 0.1 s，符合国际 IEC755 标准及国家 GB6829 标准。

实训台操作者尤需防范触电事故。台面选用高绝缘加厚密度板，为操作人员提供一个安全实训区域，与钢板台面相比，可有效防止带电电线不慎脱落造成的不测。

1.3 实训台上电要求及使用注意事项

实训台上电操作遵循如下流程：

(1) 检查无误后，合上实训室动力箱电源（此步由实训指导老师操作完成）。

(2) 打开实训台下部后门，合上 1ZK，右旋实训台面板上的钥匙开关，此时联锁回路内部接触器工作，实训台面板上 3DZl 三相四线总电源上桩头已得电。

(3) 合上 3DZl，此时三相四线总电源板上三个交流电压表分别准确指示 A，B，C 相电压值，同时线电压测试板上交流电压表有线电压指示，切换开关位置可检查三组线电压。

(4) 合上 3DZ2，此时一次动力电源板上三个指示灯亮，表示一次动力电源正常。

实训台操作注意事项：

(1) 实训台工作电源为三相四线交流 380 V，远超过人体安全电压，使用实训台应注意用电安全，严禁带电接插线。

(2) 实训台严格按照上电操作流程上电。

第 2 章

常用低压电器

2.1 概　述

目前人们在生产和生活的多个领域都离不开电,在电能的生产和使用中需要电气设备对电能进行操作和控制,这些能够完成对电能的生产、输送、分配和使用,进行控制、调节、检测、转换和保护工作的电气设备统称为电器。国家标准规定,低压电器是指工作在交流电压 1200 V 或直流电压 1500 V 及以下的电路中起通断、检测、保护、控制或调节作用的电器。

电器和低压电器根据规格、用途和结构可以分成不同的种类。表 2-1-1 所示为电器的分类,表 2-1-2 所示为低压电器的分类。

表 2-1-1　电器的分类

分　类	名　称
按使用场合分	一般工业用电器
	特殊工业矿用电器
	农用电器
	其他场合(如航空、船舶用电器)
按有无触点分	有触点电器
	无触点电器
	混合式电器
按电器组合分	单个电器
	组合电器
按使用系统分	电力拖动自动控制系统用电器
	电力系统用电器
	自动化通信系统用电器
按电压等级分	低压电器
	高压电器

续表

<table>
<tr><th>分 类</th><th colspan="2">名 称</th></tr>
<tr><td rowspan="8">按工作职能分</td><td rowspan="3">自动操作电器</td><td>自动切换电器</td></tr>
<tr><td>自动控制电器</td></tr>
<tr><td>自动保护电器</td></tr>
<tr><td colspan="2">手动操作电器</td></tr>
<tr><td rowspan="4">其他电器</td><td>稳压与调速电器</td></tr>
<tr><td>启动与调速电器</td></tr>
<tr><td>检测与变换电器</td></tr>
<tr><td>牵引传动电器</td></tr>
</table>

表2-1-2 低压电器的分类

<table>
<tr><th>分 类</th><th colspan="2">名 称</th></tr>
<tr><td rowspan="3">信号电器</td><td colspan="2">指示灯</td></tr>
<tr><td colspan="2">蜂鸣器</td></tr>
<tr><td colspan="2">电铃</td></tr>
<tr><td rowspan="3">执行电器</td><td colspan="2">电磁铁</td></tr>
<tr><td colspan="2">电磁阀</td></tr>
<tr><td colspan="2">电磁制动器</td></tr>
<tr><td rowspan="3">熔断器</td><td colspan="2">管式</td></tr>
<tr><td colspan="2">螺旋塞式</td></tr>
<tr><td colspan="2">快速式</td></tr>
<tr><td rowspan="4">主令电器</td><td colspan="2">行程开关</td></tr>
<tr><td colspan="2">转换开关</td></tr>
<tr><td colspan="2">接近开关</td></tr>
<tr><td colspan="2">控制按钮</td></tr>
<tr><td rowspan="3">开关电器</td><td rowspan="2">低压断路器</td><td>万能式</td></tr>
<tr><td>塑壳式</td></tr>
<tr><td colspan="2">刀开关</td></tr>
<tr><td rowspan="11">继电器</td><td rowspan="3">电磁式继电器</td><td>电压继电器</td></tr>
<tr><td>中间继电器</td></tr>
<tr><td>电流继电器</td></tr>
<tr><td rowspan="2">时间继电器</td><td>空气阻尼式</td></tr>
<tr><td>电子式</td></tr>
<tr><td colspan="2">热继电器</td></tr>
<tr><td colspan="2">固态继电器</td></tr>
<tr><td colspan="2">液位继电器</td></tr>
<tr><td colspan="2">温度继电器</td></tr>
<tr><td colspan="2">速度继电器</td></tr>
<tr><td colspan="2">压力继电器</td></tr>
<tr><td rowspan="2">接触器</td><td colspan="2">交流接触器</td></tr>
<tr><td colspan="2">直流接触器</td></tr>
</table>

2.2 开关电器

2.2.1 刀 开 关

刀开关又称为闸刀开关或隔离开关，是一种结构简单、应用广泛的手动电器，广泛用于各种配电设备和供电线路中，并可用于小容量电动机不频繁的直接启动。刀开关利用触刀和触点座之间的接通或断开来控制电路的通断。刀开关由手柄、触刀（动触点）、触点座（静触点）和底座组成。

刀开关按触刀极数分为单极式、双极式和三极式，三极式刀开关的结构示意、图形符号和文字符号如图2-2-1所示；按刀的转换方向分为单掷和双掷；按灭弧装置情况可分为带灭弧罩和不带灭弧罩；按操作方式可分为直接手柄操作式和远距离连杆操作式；按接线方式可分为板前接线式和板后接线式。图2-2-2所示为多种刀开关的实物图。

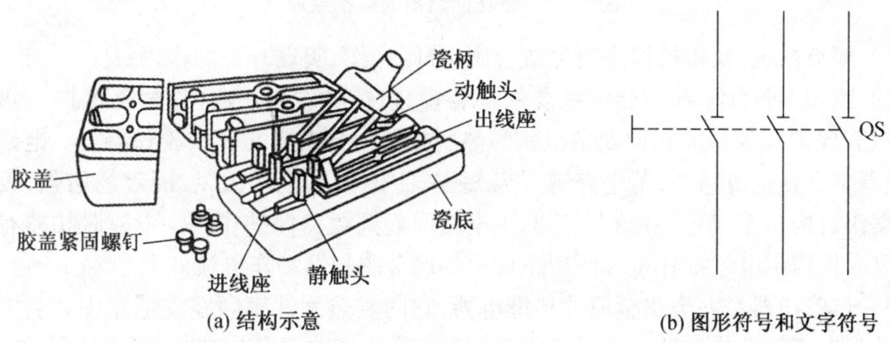

图2-2-1　三极式刀开关的结构示意、图形符号和文字符号

图2-2-2　多种刀开关实物图

2.2.2 断 路 器

低压断路器又称自动开关，常简称为断路器，俗称空气开关，是一种集多种操作控制和保护功能于一体的低压电器。除了能接通和断开电路外，还能在电路发生短路、过载、失电压等故障时对电气设备进行保护，常用作低压配电的总电源开关和电动机主电路的

短路、过载、失电压保护开关。低压断路器主要由触点系统、操作机构、各种脱扣器和灭弧装置等组成,其结构原理如图2-2-3所示。

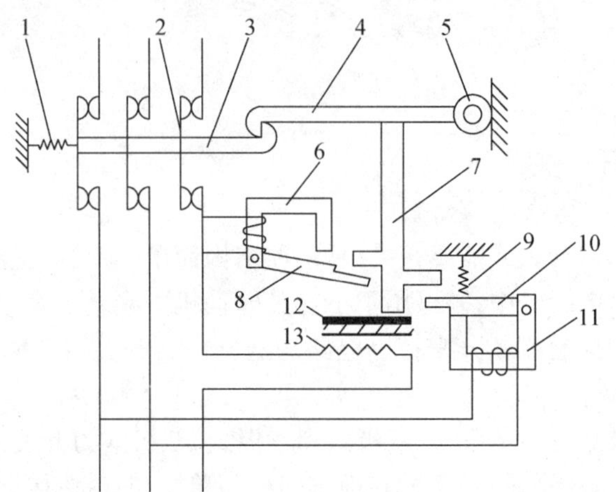

1,9—弹簧;2—触点;3—锁键;4—搭钩;5—轴;6—过电流脱扣器;7—杠杆;8,10—衔铁;11—欠电压脱扣器;12—双金属片;13—电阻丝

图2-2-3 低压断路器的结构原理

(1)触点系统、操作机构主要完成合闸、分闸操作,实现开关的作用。

(2)脱扣器是低压断路器的主要保护装置,包括电磁脱扣器(作短路保护)、热脱扣器(作过载保护)、失压脱扣器及由电磁和热脱扣器组合而成的复式脱扣器等。电磁脱扣器的线圈串联在主电路中,若电路或设备短路,主电路电流增大,线圈磁场增强,吸动衔铁,使操作机构动作,断开主触点、分断主电路而起到短路保护作用。电磁脱扣器有调节螺钉,可以根据用电设备容量和使用条件手动调节脱扣器动作电流的大小。

(3)热脱扣器是一个双金属片热继电器,它的发热元件串联在主电路中。当电路过载时,过载电流使发热元件温度升高,双金属片受热弯曲,顶动自动操作机构动作,断开主触点,切断主电路而起过载保护作用。

低压断路器按结构形式分类有开启式和装置式两种。开启式又称为框架式或万能式,装置式又称为塑料壳式。开启式(框架式)DZ47型低压断路器的实物图、图形符号和文字符号如图2-2-4所示。

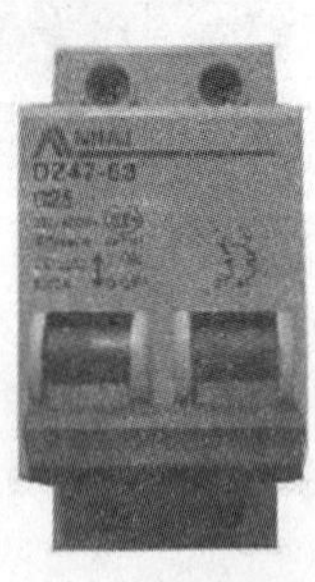

(a) DZ47型低压断路器的实物图

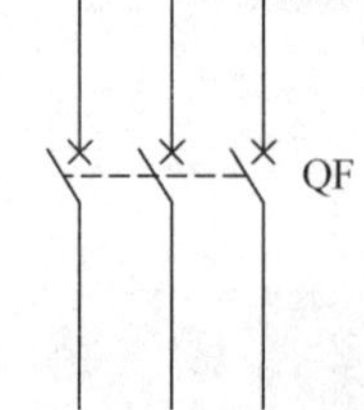

(b) 低压断路器图形符号和文字符号

图2-2-4 低压断路器实物图、图形符号和文字符号

低压断路器的选择应考虑额定电压、额定电流和允许切断的极限电流及脱扣器的整

定值等和所控制的主电路相匹配。

2.2.3 万能转换开关

万能转换开关是具有更多的操作位置和触点，能够连接多个电路的一种手动控制电器。它是用手柄带动转轴和凸轮推动触头接通或断开。由于凸轮的形状不同，当手柄处在不同位置时，触头的吻合情况不同，从而达到转换电路的目的。万能转换开关的挡位多、触点多，可控制多个电路，能适应复杂电路的要求。

万能转换开关的选择要根据电源种类、电压等级、工作电流、使用场合的要求进行。万能转换开关的结构如图 2-2-5 所示。万能转换开关的实物图及对应的图形符号和开关表如图 2-2-6 所示。

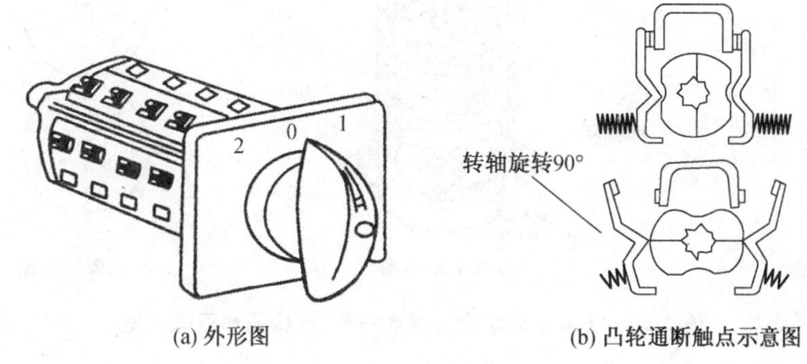

(a) 外形图　　(b) 凸轮通断触点示意图

图 2-2-5　万能转换开关的结构

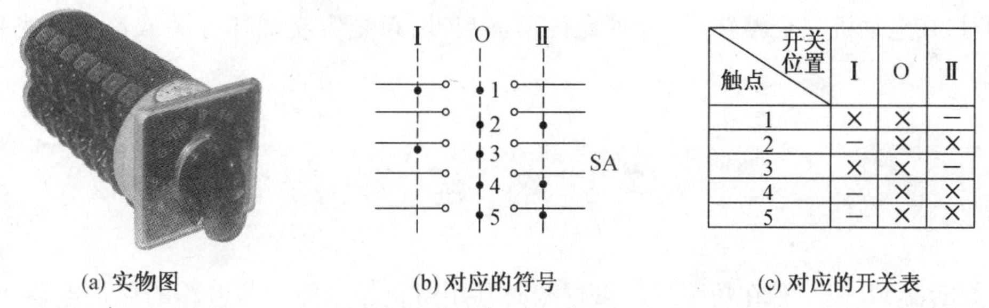

触点 \ 开关位置	Ⅰ	O	Ⅱ
1	×	×	—
2	—	×	×
3	×	×	—
4	—	×	×
5	—	×	×

(a) 实物图　　(b) 对应的符号　　(c) 对应的开关表

图 2-2-6　万能转换开关的实物图及对应的符号和开关表

2.2.4 组合开关

组合开关也属于刀开关的一种，普通刀开关的操作手柄是在垂直安装面的平面内向上或向下转动，而组合开关的操作手柄则是在平行于安装面的平面内向左或向右转动。组合开关多用在机床电气控制电路中，作为电源的引入开关，也可以用作不频繁地接通和断开电路、换接电源和负载及控制 5 kW 以下的小容量电动机的正反转和 Y－△启动等。

HZ 系列组合开关的符号、结构图和工作原理如图 2-2-7 所示。组合开关内有若干对动触头和静触头。静触头分别装在各层绝缘垫板上，并附有接线桩与电源、用电设备相接；动触头是由鳞铜片（硬紫铜片）与灭弧性能良好的绝缘钢纸板铆合而成，并与绝缘垫板一起套在附有手柄的绝缘轴上，转轴向左或向右旋转90°，改变其通断位置。顶盖部分是由滑板、凸轮、扭簧、手柄等零件构成的操作机构。该机构由于采用了扭簧储能，因而开关能快速闭合或分断。

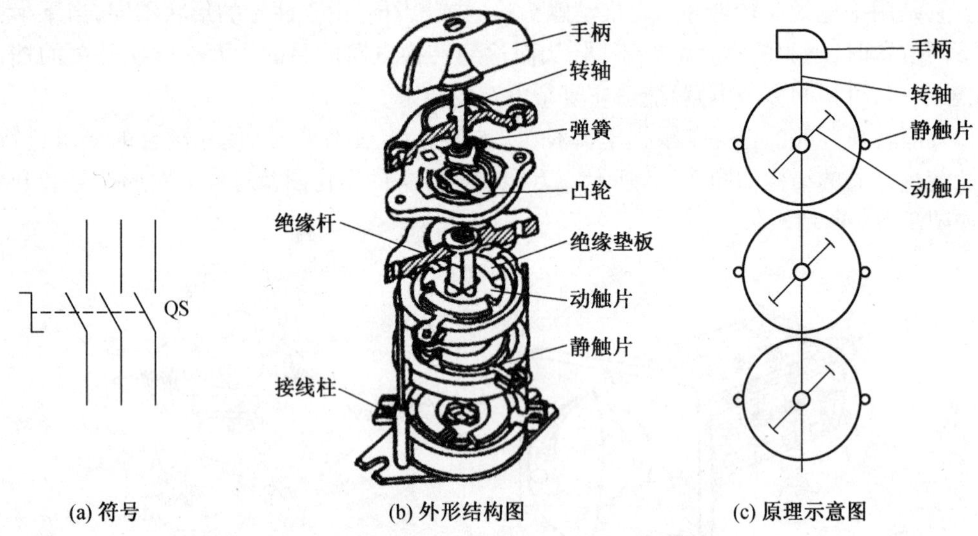

图 2-2-7 HZ 系列组合开关的符号、结构图和原理示意

使用组合开关时，将其安装在控制屏面板上，面板外只能看到转换手柄，其他部分均在控制屏内，操作频率不能过高，一般每小时不宜超过15～20次，当用于电动机正反转控制时，在电动机完全停转后，方可允许反向启动，否则容易烧坏开关或造成弧光短路事故。

2.3 熔 断 器

熔断器FU是一种在短路或严重过载时利用熔化作用而切断电路的保护电器，熔断器主要由熔体（俗称保险丝）和安装熔体的熔管两部分组成。熔体由易熔金属材料铅、锡、锌、银、铜及其合金制成，通常做成丝状或片状，熔体既是敏感元件又是执行元件。熔断器的熔体与被保护的电路串联，当电路正常工作时，熔体允许通过一定大小的电流而不熔断。当电路发生短路或严重过载时，熔体中流过很大的故障电流，当电流产生的热量达到熔体熔点时，熔体熔断，电路被切断，从而实现保护目的。熔管是装熔体的外壳，由陶瓷、绝缘钢纸或玻璃纤维制成，在熔体熔断时兼有灭弧作用。熔断器的种类很多，常见的有瓷插式、螺旋式、封闭管式和自复式等，如图2-3-1所示。

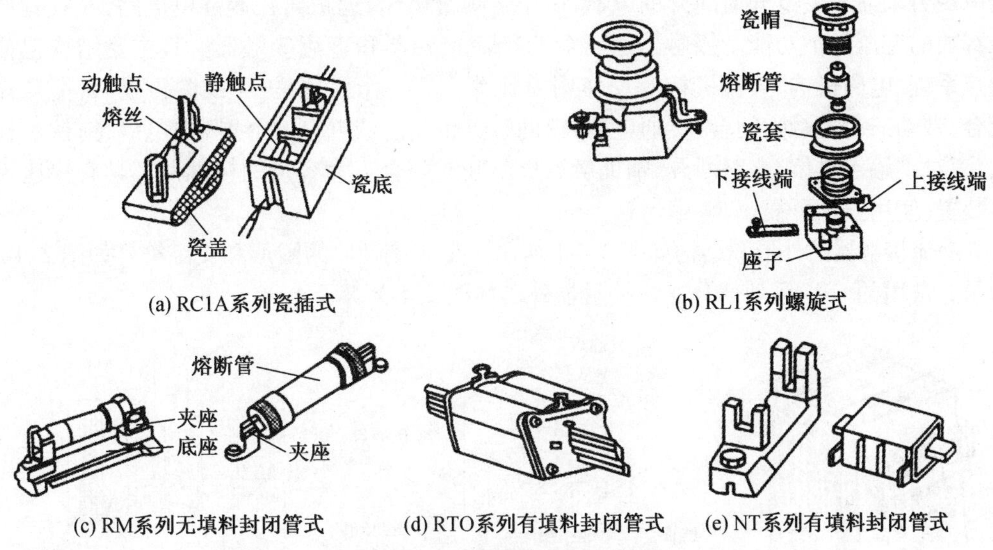

(a) RC1A系列瓷插式　(b) RL1系列螺旋式

(c) RM系列无填料封闭管式　(d) RTO系列有填料封闭管式　(e) NT系列有填料封闭管式

图 2-3-1　常见的部分熔断器的结构图

常见的熔断器实物图及熔断器的图形符号和文字符号如图 2-3-2 所示。

(a) 熔断器实物图　(b) 熔断器的图形符号和文字符号

图 2-3-2　熔断器实物图及熔断器的图形符号和文字符号

选择熔断器时主要参考其额定电压、熔断器额定电流等级和熔体的额定电流。对没有冲击电流的电路,熔体的额定电流应稍大于电路工作电流;对有冲击电流的电路,熔体的额定电流应取电路最大工作电流的 0.4 倍。

2.4 接 触 器

接触器 KM 是一种接通或切断电动机或其他负载主电路的自动控制电器。它是利用电磁力来使开关打开或断开的电器，适用于频繁操作、远距离控制强电电路，并具有低压释放的零压保护功能。接触器通常分为交流接触器和直流接触器。其主要结构包括触点系统、电磁机构、灭弧机构及反作用弹簧等。其工作原理是：当线圈得电后，衔铁被吸合，带动三对主触点闭合，接通电路，辅助触点也闭合或断开；当线圈失电后，衔铁被释放，三对主触点复位，电路断开，辅助触点也断开或闭合。大容量的接触器都具有快速灭弧装置，使用安全可靠。

交流接触器的外形和结构如图 2-4-1 所示。交流接触器的图形和文字符号如图 2-4-2 所示。常用的 CJX 系列部分交流接触器外形如图 2-4-3 所示。

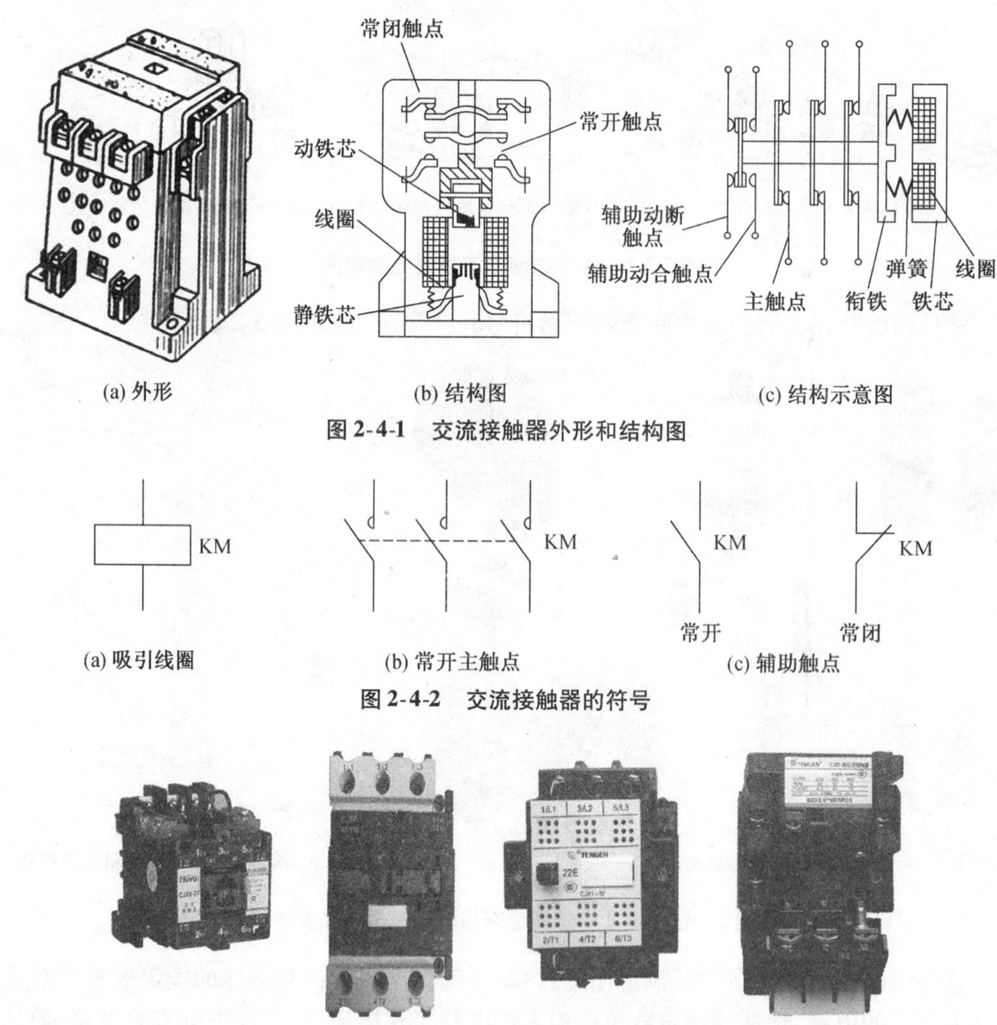

(a) 外形　(b) 结构图　(c) 结构示意图

图 2-4-1　交流接触器外形和结构图

(a) 吸引线圈　(b) 常开主触点　(c) 辅助触点

图 2-4-2　交流接触器的符号

图 2-4-3　常用的 CJX 系列部分交流接触器实物图

2.5 继 电 器

继电器是一种根据电气量（电压、电流等）或非电气量（热、时间、转速、压力等）的变化接通或断开控制电路,以完成控制或保护任务的电器。继电器一般用于控制小电流的电路,触点额定电流不大于5 A。继电器的种类和形式很多,按反映的参数可分为热继电器、中间继电器、电压继电器、电流继电器、时间继电器、速度继电器、流量继电器、压力继电器等。

2.5.1 热继电器

热继电器是利用电流的热效应来切断电路的保护继电器,主要用作电动机的过载保护、断相和电流不平衡运行的保护及其他电气设备发热状态的控制。按热元件个数分为单极、双极和三极三种结构类型,它们的外形、结构及工作原理基本相似。热继电器的结构示意图和符号如图2-5-1所示,实物图如图2-5-2所示。

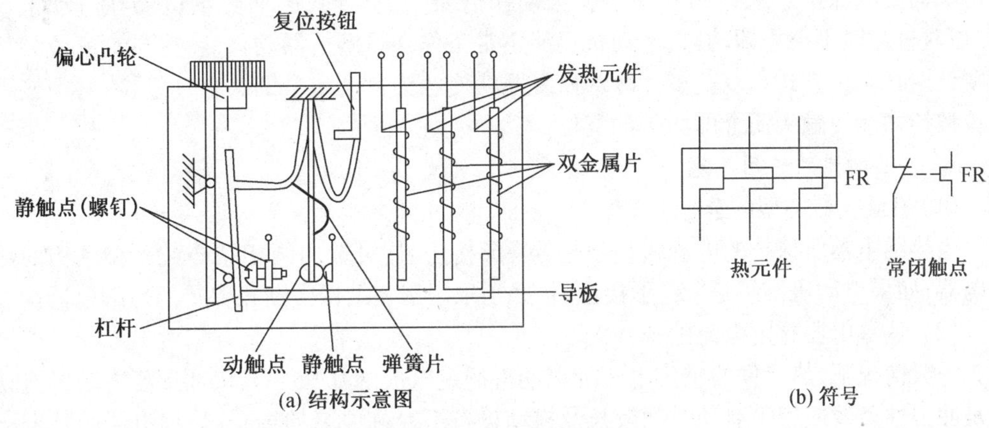

(a) 结构示意图　　(b) 符号

图2-5-1　热继电器的结构示意图和符号

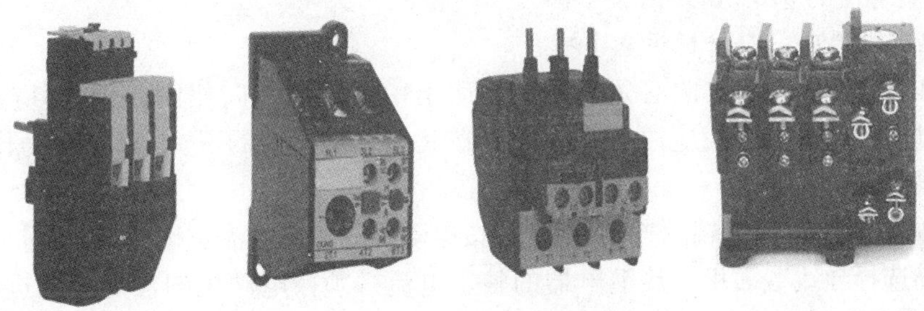

图2-5-2　热继电器实物图

1. 热继电器的结构

热继电器主要由热元件、触头、动作机构、复位按钮和整定电流装置等组成。热继电器的主要产品型号有JR16,JR20,JRS1等系列。

① 热元件。热元件由单极、两极或三极双金属片及缠绕在外面的电阻丝组成。双金属片是由热膨胀系数不同的金属片复合而成的。使用时,将电阻丝直接串联在异步电动机的主电路上。

② 触头。触头由一个常开触头、一个常闭触头和一个公共触点组成。

③ 动作机构。动作机构由导板、推杆及拉簧等部件组成。

④ 复位按钮。复位按钮是热继电器动作后进行手动复位的按钮。它可防止热继电器动作后,因故障未被排除而电动机又启动造成更大的故障。

⑤ 整定电流装置。热继电器长期不动作的最大电流称为整定电流。整定电流的大小就是通过热继电器上部的旋钮,即整定电流装置调节的。

2. 热继电器的工作原理

以热继电器在电动机控制回路中的使用来说明其工作原理。

使用时,将热继电器的三相热元件分别串接在电动机的三相主电路中,常闭触头串接在控制电路的接触器线圈回路中。当电动机过载时,过载电流通过串联在定子电路中的电阻丝,并使它发热,电阻丝使双金属片受热膨胀推动导板向左移动一定距离,如图2-5-1a 所示,并推动杠杆使常闭触头断开,接触器的线圈断电,于是主触头释放,电动机脱离电源而受到保护。双金属片受热膨胀动作需要一定时间,因而热继电器在电动机启动、短时过载时不会立即动作,电动机仍能正常工作。热继电器动作后,有自动复位和手动复位两种复位方式。双金属片冷却恢复原状使触头自动闭合即为自动复位;必须按下复位按钮才能使触头闭合即为手动复位。

3. 热继电器的选用原则

(1)热继电器类型的选择

当热继电器所保护的电动机绕组是“Y”形接法时,可选用两相结构或三相结构的热继电器;如果电动机绕组是“Δ”形接法时,必须采用三相结构带断相保护的热继电器。

(2) 热继电器整定电流的选择

一般情况下,热元件的整定电流为电动机额定电流的0.95~1.05 倍;若电动机拖动的是冲击性负载或用于启动时间较长及拖动设备不允许停电的场合,热继电器的整定电流值可取电动机额定电流的1.1~1.5 倍;若电动机的过载能力较差,热继电器的整定电流可取额定电流的0.6~0.8 倍。

4. 热继电器安装与维护注意事项

① 热继电器的安装方向必须与产品说明书中规定的方向相同,误差不应超过 5°。与其他电器安装在一起时,应注意将其安装在其他发热电器的下方,以免其动作特性受到其他电器发热的影响。

② 热继电器进、出线端的连接导线,应按电动机的额定电流正确选用,尽量采用铜导线,并正确选择导线截面积。热继电器的整定电流必须按电动机的额定电流进行调整,绝对不允许弯折双金属片。

③ 一般热继电器应置于手动复位的位置上,若需要自动复位时,可将复位调节螺钉以顺时针方向向里旋紧。热继电器由于电动机过载后动作,若要再次启动电动机,必须待热元件冷却后,才能使热继电器复位。一般自动复位需要 5 min,手动复位需要 2 min。

④ 整定电流装置的位置一般应安装在右边,并保证在进行调整和复位时的安全性和方便性。热继电器的热元件应串接在主电路中,动断触点串接在控制电路中。

2.5.2 中间继电器、电压继电器和电流继电器

1. 中间继电器

中间继电器在结构上与接触器相似,是一个电压继电器。它是用来转换控制信号的中间元件,输入的是线圈的通电或断电信号,输出信号为触点的动作。它的触点数量较多,各触点的额定电流相同,多数为5 A,小型的为3 A。输入一个信号(线圈通电或断电)时,较多的触点动作,所以可以用来增加控制电路中信号的数量。它的触点额定电流比线圈大很多,所以可以用来放大信号。

常用的中间继电器有JZ7和JZ8系列,还有小型的JZ12,JZ13,JZX等系列,中间继电器的结构与符号如图2-5-3所示。

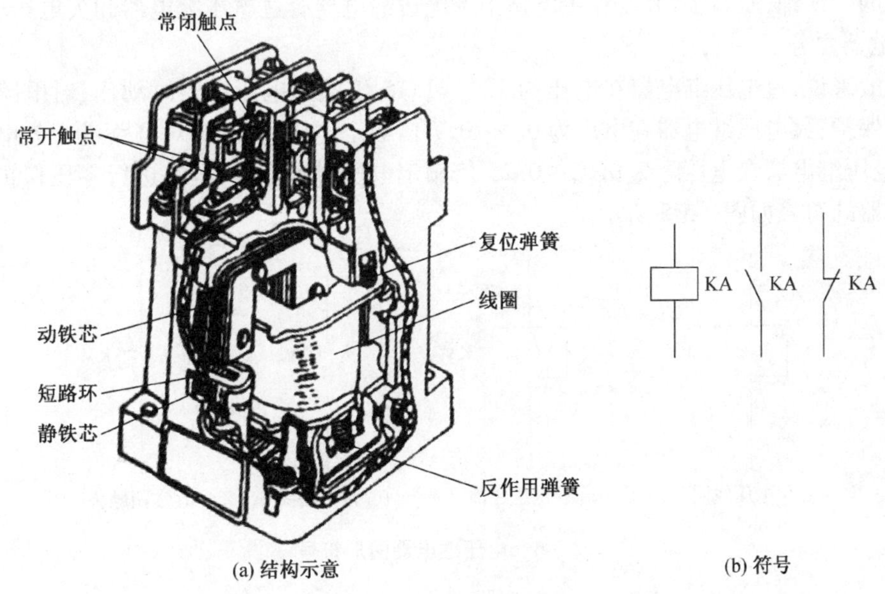

图2-5-3 中间继电器的结构和符号

2. 电流继电器

根据线圈中电流大小而接通或断开电路的继电器称为电流继电器。这种继电器线圈的导线粗,匝数少,串联在主电路中。当线圈电流高于整定值时动作的继电器称为过电流继电器,低于整定值时动作的称为欠电流继电器,电流继电器符号如图2-5-4所示。

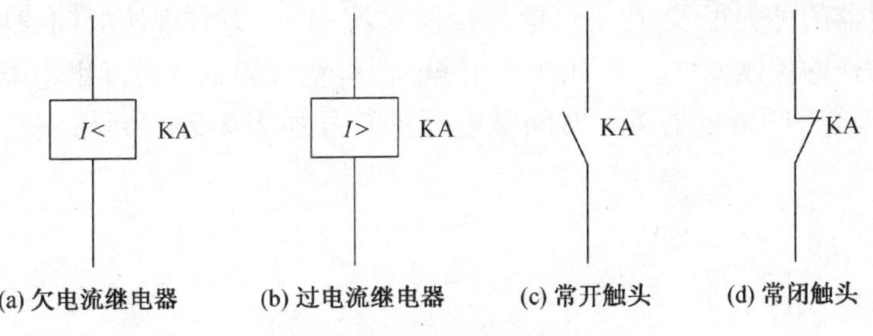

图2-5-4 电流继电器符号

过电流继电器在正常工作时电磁吸力不足以克服反力弹簧的力，衔铁处于释放状态，当线圈电流超过某一整定值时，衔铁动作，于是常开触点闭合，常闭触点断开。瞬动型过电流继电器常用于电动机的短路保护；延时动作型过电流继电器常用于过载兼具短路保护。有的过电流继电器带有手动复位机构，当过电流时，继电器衔铁动作后不能自动复位，只有当操作人员检查并排除故障后，采用手动松掉锁扣机构，衔铁才能在复位弹簧的作用下返回，从而避免重复过电流事故的发生。

欠电流继电器是当线圈电流降到低于某一整定值时释放的继电器。在线圈电流正常时欠电流继电器的衔铁是吸合的，这种继电器常用于直流电动机和电磁吸盘的失磁保护。

3. 电压继电器

根据线圈两端电压的大小而接通或断开电路的继电器称为电压继电器。这种继电器线圈的导线细，匝数多，并联在主电路中。电压继电器有过电压继电器和欠电压（或零压）继电器之分。

一般来说，过电压继电器在电压为1.1～1.15倍额定电压以上时动作，对电路进行过电压保护；欠电压继电器在电压为0.4～0.7倍额定电压时动作，对电路进行欠电压保护；零电压继电器在电压降为0.05～0.25倍额定电压时动作，对电路进行零压保护。电压继电器的符号如图2-5-5所示。

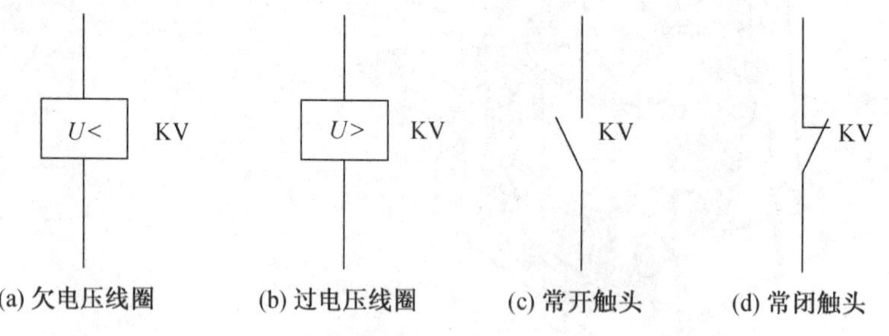

(a) 欠电压线圈　(b) 过电压线圈　(c) 常开触头　(d) 常闭触头

图2-5-5　电压继电器图形符号

2.5.3 时间继电器

时间继电器是指从得到输入信号（线圈的通电或断电）起，需经过一段时间的延时后才输出信号（触点的闭合或分断）的继电器。时间继电器是一种按时间原则进行控制的电器。时间继电器用于接收电信号至触点动作需要延时的场合。

时间继电器的种类很多，在工厂电气控制系统中，作为实现按时间原则控制的元件或机床机构动作的控制元件。常用的时间继电器有空气阻尼式时间继电器、电动式时间继电器和电子式时间继电器等。时间继电器的符号如表2-5-1所示，实物图如图2-5-6所示。

表 2-5-1　时间继电器的符号

线圈	瞬时闭合常开触头	瞬时断开常闭触头	延时闭合常开触头	延时断开常闭触头	延时闭合常开触头	延时断开常闭触头
KT 一般符号 通电延时 断电延时	KT	KT	或 KT	或 KT	或 KT	或 KT

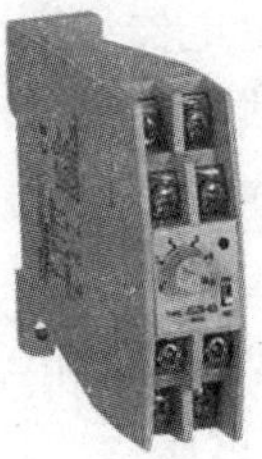

图 2-5-6　时间继电器实物图

1. 空气阻尼式时间继电器

空气阻尼式时间继电器是交流电路上应用较广泛的时间继电器，可分为通电延时型和断电延时型两种。

JS7－□A 系列通电延时型时间继电器的工作原理：当吸引线圈通电后，产生电磁吸力，衔铁克服弹簧阻力，将动铁芯吸下，在释放弹簧的作用下，活塞杆向下移动。此时与气室壁相紧贴的橡皮膜随着进入气室的空气量逐渐增加而开始移动，通过杠杆使微动开关的触头按整定的延时时间进行动作。调节进气孔通道的大小，即可得到不同的延时时间。吸引线圈通电后，衔铁依靠恢复弹簧的作用而复原，空气由出气孔被迅速排出。

JS7－□A 系列时间继电器有两个延时触头，即延时断开的常闭触头和延时闭合的常开触头，此外还有两个瞬时动作触头。通电后微动开关瞬时动作，将常闭触头断开，将常开触头闭合。通电延时时间继电器也可以做成断电延时时间继电器，如果将通电延时型时间继电器的电磁机构翻转 180°安装即成为断电延时型时间继电器，它的动作原理和通电延时的空气阻尼式时间继电器相似。

空气阻尼式时间继电器结构简单，价格低廉，延时时间长，整定方便，但延时精度低且受周围环境影响较大，广泛应用于延时要求精度不高的电动机控制电路中。

2. 晶体管式时间继电器

晶体管式时间继电器体积小、寿命长、精度高、可靠性强，随着电子技术的发展正获得越来越广泛的应用。

晶体管式时间继电器利用 RC 电路中电容电压不能跃变，只能按照呈指数规律逐渐变化的原理——电阻尼特性获得延时。所以，只要改变充电回路的时间常数即可改变延时时间。由于调节电容比调节电阻困难，所以通常采用调节电阻的方式改变延时时间。

常用的晶体管式时间继电器有 JS7,JS13,JS14,JS15,JS20 型等。

3. 时间继电器的选用

时间继电器的选用主要考虑因素有时间继电器的类型、延时方式和线圈电压。

(1) 类型的选择

根据系统的延时范围和精度选择时间继电器的类型和系列。在延时精度要求不高的场合,一般可选用价格较低的空气阻尼式时间继电器;反之,对精度要求较高的场合,可选用电子式时间继电器。

(2) 延时方式的选择

根据控制线路的要求选择时间继电器的延时方式(通电延时和断电延时);同时,还必须考虑线路对瞬时动作触点的要求。

(3) 时间继电器线圈电压的选择

根据控制线路的要求来选择时间继电器的线圈电压。

4. 时间继电器安装与维护的注意事项

① 时间继电器的安装方向必须与产品说明书中规定的方向相同,无论是通电延时型还是断电延时型时间继电器,都必须使继电器在断电后,释放时衔铁的运动方向垂直向下,误差不应超过5°。

② 通电延时型时间继电器和断电延时型时间继电器的时间应在整定时间范围内,安装时按需要进行调整,并在试车时校正。

③ 通电延时型时间继电器和断电延时型时间继电器可在整定时间内自行调换。

④ 时间继电器金属板上的接地螺钉必须与接地线可靠连接。

2.5.4 速度继电器

速度继电器又称为反接制动继电器,它的作用是对电动机实现反接制动控制,广泛应用于机床控制电路中。常用的 JY1 系列速度继电器外形如图 2-5-7 所示。速度继电器电路的文字符号为 KS,其结构与电路符号如图 2-5-8 所示。它主要由用永久磁铁制成的转子及用硅钢片叠成的铸有笼形绕组的定子、支架、胶木摆杆和触头系统等组成,其中转子与被控制电动机的转轴相接。需要电动机制动时,被控制电动机带动速度继电器转子转动,该转子的旋转磁场使定子和转子沿着同一方向转动。定子上固定有胶木摆杆,胶木摆杆亦随着定子转动,并推动簧片断开常闭触头,接通常开触头,切断电动机正转电路,接通反转电路而完成反接制动。

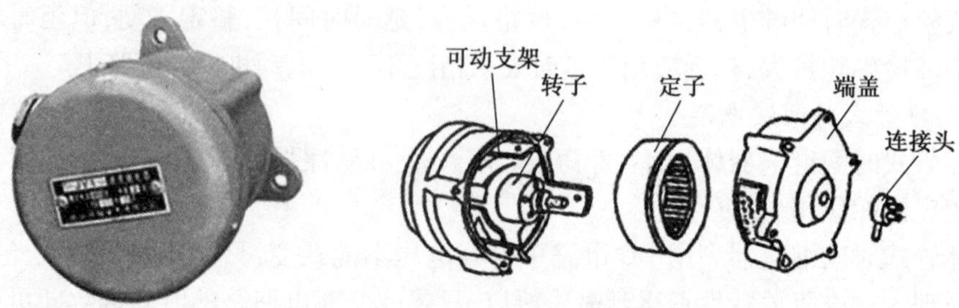

图 2-5-7 JY1 系列速度继电器外形

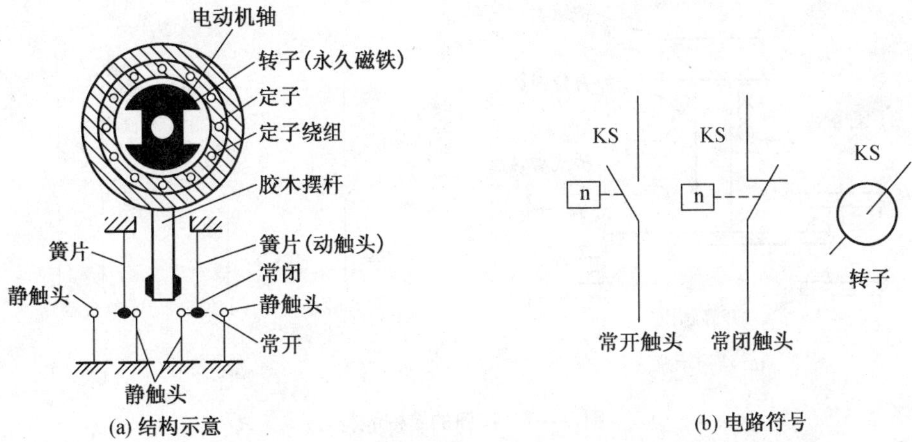

图 2-5-8　速度继电器的结构示意与电路符号

通常当速度继电器转轴转速达到 100 ~ 130 r/min 时,触头即动作;当转轴转速低于 100 r/min 时,触头即复位;转速在 3000 ~ 3600 r/min 范围内能可靠地工作。

速度继电器安装与使用时应注意:

① 速度继电器的转子与电动机同轴联动,使两轴的中心线重合。

② 速度继电器安装接线时,应注意正反向触头不能接错,否则不能实现反接制动控制。

③ 速度继电器的金属外壳应可靠接地。

2.6　主令电器

主令电器是用来接通和分断控制电路以发出命令或对生产过程做程序控制的开关电器。它包括控制按钮(简称按钮)、行程开关、接近开关和主令控制器等。

2.6.1　按　钮

按钮又称为按钮开关,是一种手动控制电器。它只能短时接通或分断 5 A 以下的小电流回路,向其他自动电器发出指令性的电信号,控制其他自动电器动作。由于按钮载流量小,不能直接用于控制主电路的通断。按钮的作用是发布命令,在控制电路中可用于远距离频繁地操纵接触器、继电器,从而控制电动机的启动、运转、停止。按钮的结构示意和符号如图 2-6-1 所示。

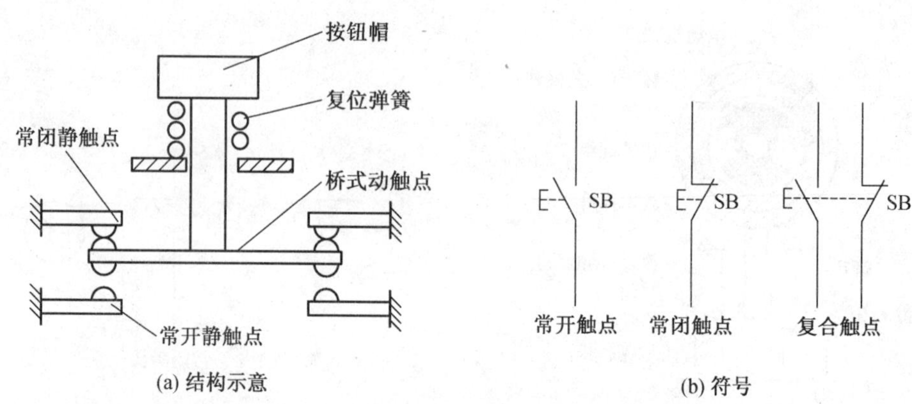

图 2-6-1　按钮的结构和符号

常态时，动断（常闭）触点闭合，动合（常开）触点断开。按下按钮，常闭触点断开，常开触点闭合；松开按钮，在复位弹簧作用下使触点复位。为避免误操作，常将钮帽做成不同的颜色来区别，如以红色表示停止和急停，绿色表示启动和运行，黄色表示干预，黑色表示点动，蓝色表示复位；另外还有黄、白等颜色和一些形象化符号供不同场合使用。其形象化符号如图 2-6-2 所示。

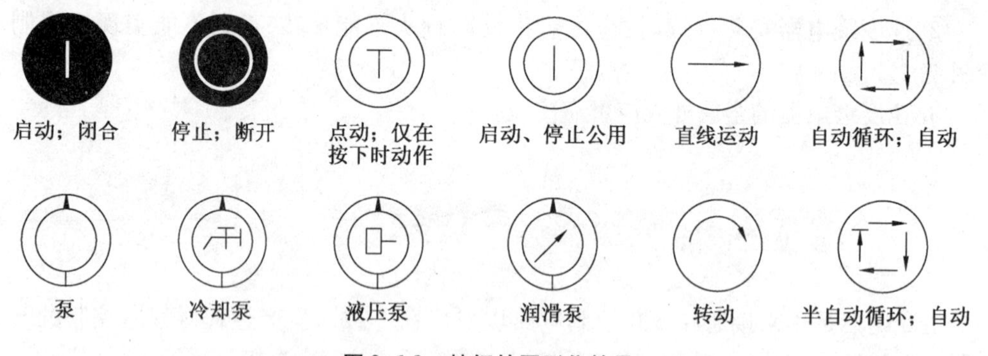

图 2-6-2　按钮的图形化符号

部分常用按钮的实物图如图 2-6-3 所示。选择按钮时要根据使用场合、所需触点数、触点类型及按钮帽的颜色等因素综合选择。

图 2-6-3　按钮的实物图

2.6.2　行程开关和接近开关

行程开关（SQ）又称为限位开关，是一种常用的小电流主令电器，它利用生产机械运动部件的碰撞使其触头动作来实现接通或分断控制电路,达到一定的控制。行程开关分为有触点式和无触点式两种。有触点式行程开关的动作原理与按钮类似,动作时碰撞行程开关的顶杆,按结构可分为直动式、微动式和滚轮式三种。直动式结构简单,其触点的分合速度取决于挡块的移动速度,当挡块的移动速度小于 0.4 m/min 时,若触点切断太慢,则会使电弧在触点上的停留时间太长,易于烧蚀触点。此时可以选用有盘形弹簧机构能瞬时动作的滚轮式行程开关,其特点是通断时间不受挡块移动速度的影响,动作快,缺点是结构复杂,价格高。为克服直动式结构的问题,还可以选用有弯片状弹簧的微动式行程开关,这种行程开关更为灵巧、敏捷,缺点是不耐用。行程开关的结构示意和符号如图 2-6-4 所示。3 种行程开关的实物图如图 2-6-5 所示。

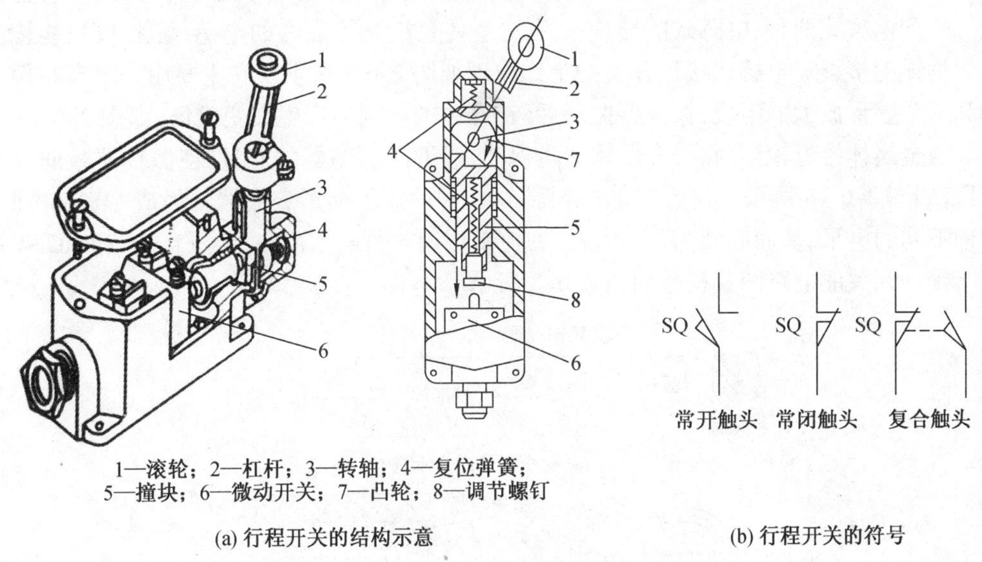

1—滚轮；2—杠杆；3—转轴；4—复位弹簧；
5—撞块；6—微动开关；7—凸轮；8—调节螺钉

(a) 行程开关的结构示意　　(b) 行程开关的符号

图 2-6-4　行程开关的结构示意和图形符号

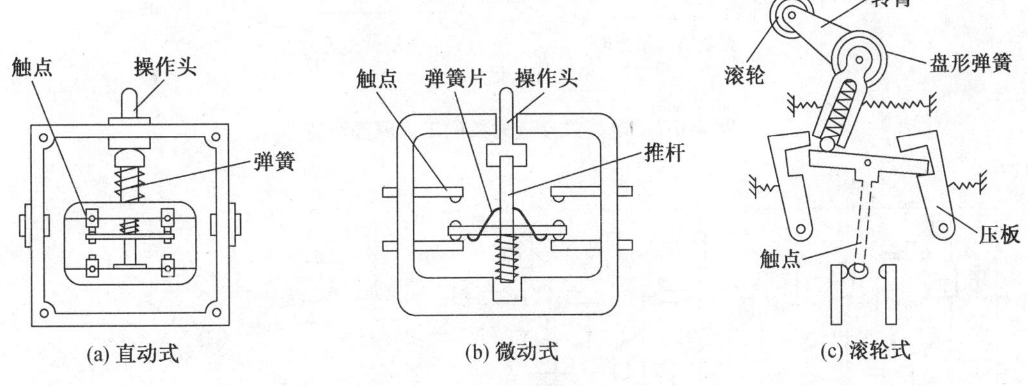

(a) 直动式　　(b) 微动式　　(c) 滚轮式

图 2-6-5　3 种行程开关的结构图

LX 系列部分行程开关的实物图如图 2-6-6 所示。

图 2-6-6 LX 系列部分行程开关的实物图

行程开关的选择要考虑电源种类、电压等级、工作电流、现场使用环境等因素。

接近开关的作用类似于行程开关,不同的是接近开关属于无接触式。接近开关分为电感式和电容式两种,电感式的感应头是一个具有铁氧体磁心的电感线圈,故只能检测金属物体的接近。电感式接近开关的工作原理如图 2-6-7 所示。它主要由一个高频振荡器和一个整形放大器组成,振荡器振荡后,在开关的检测面产生交变磁场,如图 2-6-7a 所示。当金属体接近检测面时,金属体产生涡流,吸取了振荡器的能量,使振荡器减弱以致停振,如图 2-6-7b 所示。"振荡"和"停振"这两种状态由整形放大器转换成"高"和"低"两种不同的电平,从而起到"开"和"关"的控制作用。目前常用的型号有 LJ1 和 LJ2 等系列。接近开关的电路图及符号如图 2-6-8 所示。

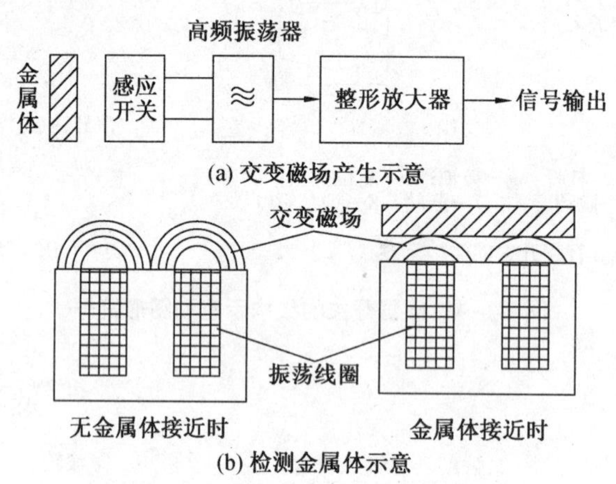

图 2-6-7 电感式接近开关的工作原理示意

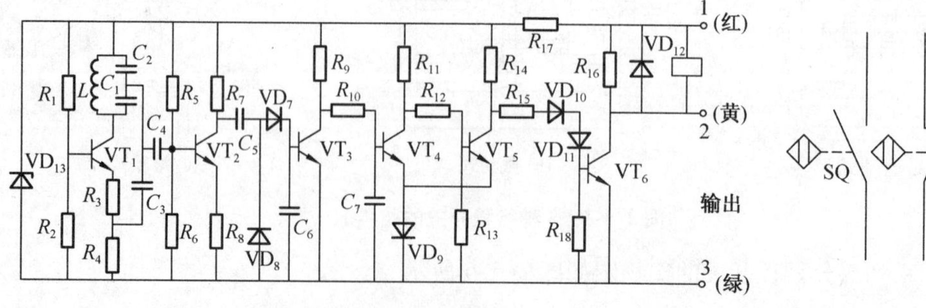

(a) LJ2系列晶体管接近开关的电路图 (b) 接近开关的符号

图 2-6-8 接近开关的电路图及符号

由图2-6-8可知,接近开关的电路由晶体管 VT_1、振荡线圈 L 及电容器 C_1, C_2, C_3 组成的电容三点式高频振荡器组成,其输出经由 VT_2 级放大,通过 VT_7 和 VD_8 整流成直流信号,加到晶体管 VT_3 的基极,晶体管 VT_4 和 VT_5 构成施密特电路,VT_6 级为接近开关的输出电路。

当开关附近没有金属物体时,高频振荡器谐振,其输出经由 VT_2 放大并经 VD_7 和 VD_8 整流成直流,使 VT_3 导通,施密特电路截止,VD_7 饱和导通,输出级 VD_8 截止,接近开关无输出。

当金属物体接近振荡线圈 L 时,振荡减弱,直至停止,这时 VT_3 截止,施密特电路翻转,VD_7 截止,VD_8 饱和导通,即有输出。其输出端可带继电器或其他负载。

电感式接近开关的实物图如图2-6-9所示。其种类较多,有双线、三线及四线等,有PNP型和NPN型等。NPN型的接线方式如图2-6-10所示。

图2-6-9 电感式接近开关的实物图

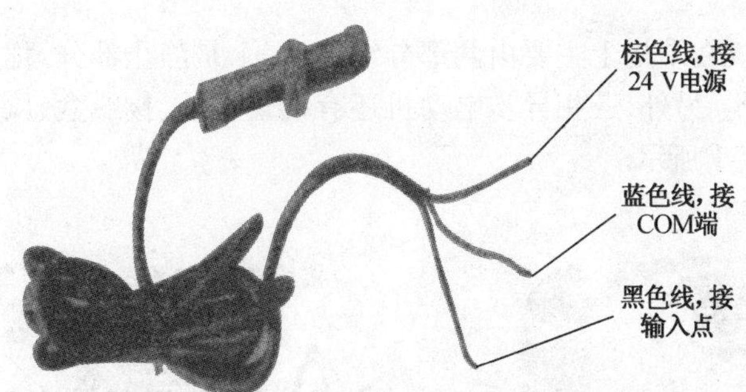

图2-6-10 NPN型电感式接近开关的接线图

电容式接近开关的感应头只是一个圆形平板电极,这个电极与振荡电路的地线形成一个分布电容。当有导体或介质接近感应头时,电容量增大而使振荡器停振,输出电路发出电信号。电容式接近开关既能检测金属,又能检测非金属及液体,因而应用十分广泛。

2.6.3 主令控制器

主令控制器是用来发出指令信号的电器。触点的额定电流较小,不能直接控制主电路,而是通过接通、断开接触器或继电器的线圈电流,间接控制主电路。

图2-6-11所示为主令控制器外形及结构原理图,手柄通过带动凸轮的转动来操作触点的断开与闭合。目前常用的有LK14和LK15系列等主令控制器。机床上常用的"+"形转换开关也属于主令控制器,这类开关一般多用于电动机拖动或需要多重联锁的控制系统中。

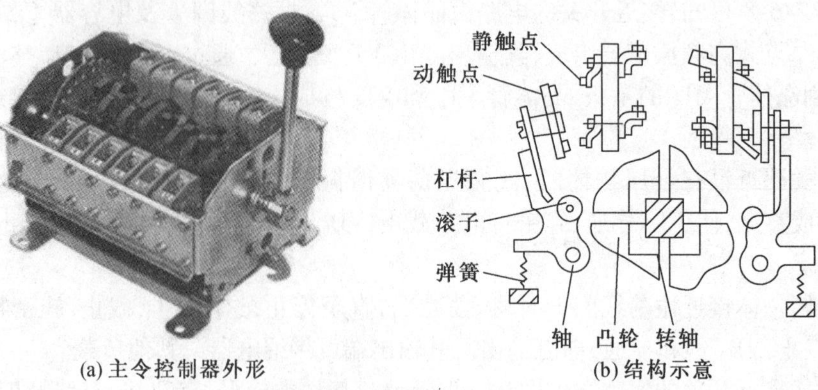

(a) 主令控制器外形　(b) 结构示意

图 2-6-11　主令控制器外形及结构示意

2.7　三相交流异步电动机

2.7.1　三相异步电动机的结构

三相异步电动机在结构上主要由两部分组成：一个是静止部分，称为定子；另一个是旋转部分，称为转子。另外，三相异步电动机还有端盖轴承、接线盒、风扇等附件，其外形和结构示意如图 2-7-1 所示。

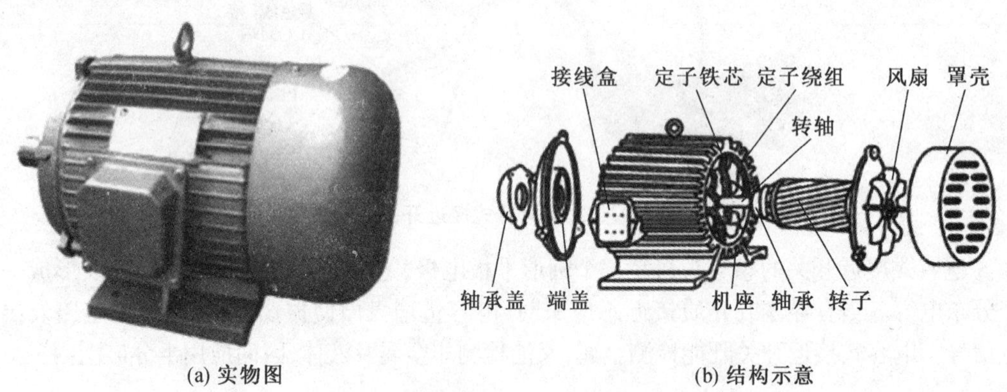

(a) 实物图　(b) 结构示意

图 2-7-1　三相异步电动机的外形和结构示意

1. 定子

定子是用来产生旋转磁场的，一般由定子铁芯、定子绕组和机座三部分组成。

定子铁芯是电动机磁路的一部分，一般由 0.35 ~ 0.5 mm 厚的相互绝缘的硅钢片叠压而成。在硅钢片的内圆上冲有均匀分布的槽口，若干硅钢片叠压后在定子铁芯内表面形成一系列平行槽，用以嵌放三相定子绕组。为了减少磁滞损耗和涡流损耗，定子铁芯的材料一般采用导磁性能好且相互绝缘的硅钢片。

定子绕组由三相对称绕组组成，是异步电动机的电路部分。三相对称绕组按照互差

120°的空间依次嵌放在定子铁芯的槽内，绕组和铁芯间相互绝缘。当给三相定子绕组通以三相正弦交流电时，便会产生一个随时间变化的磁场（称为旋转磁场）。三相绕组共有 6 个出线端，首端分别用 U_1, V_1, W_1 表示，末端分别用 U_2, V_2, W_2 表示。为了便于把三相定子绕组接成星形（Y）或三角形（△），6 个出线端都引出并接在机座上的接线盒内。

机座是电动机的外壳和支架。其主要作用是固定和保护定子铁芯、定子绕组并固定端盖。机座一般由铸铁或铸钢铸成，机座表面铸有散热筋来增加散热面积，以提高散热效果。

2. 转子

三相异步电动机的转子主要由转子铁芯、转子绕组和转轴组成，其作用主要是在定子旋转磁场感应下产生电磁转矩，沿着旋转磁场方向转动，并输出动力带动生产机械运转。

转子铁芯和定子铁芯一样也是由 0.35 ~0.55 mm 厚的相互绝缘的硅钢片叠压而成。转子铁芯冲片如图 2-7-2a 所示。若干冲片叠压之后，外圆上形成均匀的槽口，以嵌放转子绕组。

转子绕组根据结构形式不同可分为笼型转子绕组和绕线转子绕组两种。

笼型转子绕组是在转子铁芯的槽内嵌放没有绝缘的裸铜条，在转子铁芯两端槽口处分别用铜环将铜条连接起来形成闭合回路，这样，整个转子绕组状似鼠笼。为了增大启动转矩，改善启动性能，鼠笼转子常采用斜槽结构，如图 2-7-2b 所示。目前，国产中小容量的笼型异步电动机多采用铝铸转子，即把熔化了的铝浇铸在转子槽中，形成笼形，并同时把短路环、叶片铸成一个整体，如图 2-7-2c 所示。

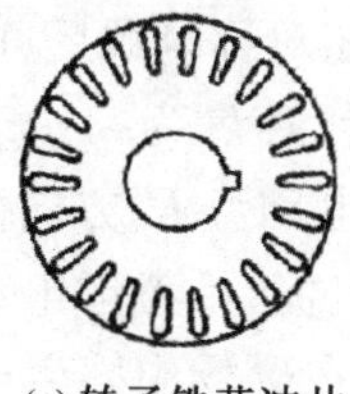
(a) 转子铁芯冲片

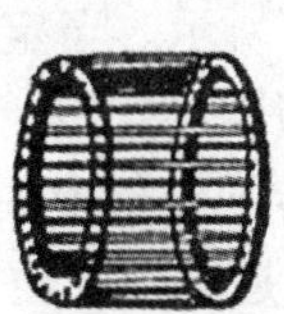
(b) 铜条转子

(c) 铸铝转子

图 2-7-2　笼型转子绕组

绕线型转子一般是将接成星形的三相对称绕组嵌放在转子铁芯槽内。其中每相绕组的首端接到固定在转轴上且彼此绝缘的三个铜质集电环上，通过集电环上的电刷与外电路三个起动变阻器连接。由于绕线转子异步电动机可以通过改变与电刷连接的外加电阻的阻值来改变绕组中的电流，以实现平滑调速，所以它常适用于如电梯和其他提升机械需要做平滑调速的场合。绕线转子电动机结构比较复杂，成本比笼型异步电动机高，再加上运动过程中电刷与集电环接触面容易出现故障，所以应用不如笼型异步电动机广泛。绕线转子和绕线转子异步电动机外形如图 2-7-3 所示。

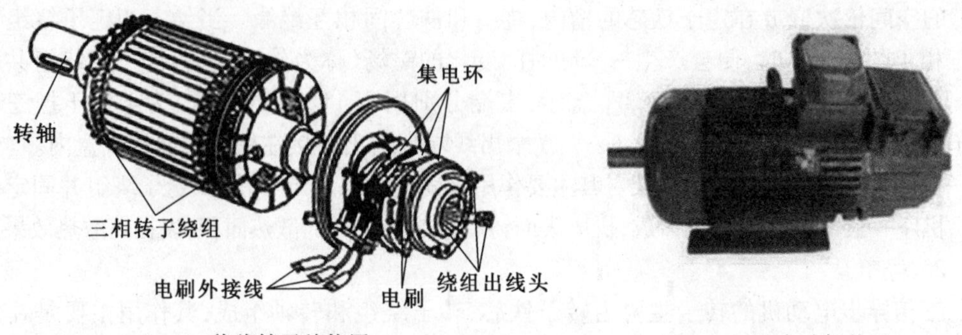

(a) 绕线转子结构图　　(b) 电动机外形

图 2-7-3　绕线转子和绕线转子异步电动机

转轴一般由中碳钢制成,用来支撑转子铁芯和绕组,传递机械转矩,同时保证转子与定子之间有一定均匀的空气隙。空气隙是电动机磁路的一部分,它是决定电动机运行质量的一个重要因素。气隙过大会使空气对磁通的阻力增大,因而励磁电流增大,功率因数减小,电动机的性能变差。如果气隙过小,运行时转子铁芯和定子铁芯会相触,难以启动转子。一般中小型三相异步电动机的气隙为 0.2 ~ 1.0 mm,大型三相异步电动机的气隙为 1.0 ~ 1.5 mm。

2.7.2　三相异步电动机的工作原理

三相异步电动机的工作原理如图 2-7-4 所示。当定子接三相对称电源后,电动机内便形成圆形旋转磁场,如图 2-7-5 所示。设其旋转方向为顺时针,速度为 n_0。若转子不转,转子笼型导条与旋转磁场有相对运动,转子导条中便感应有电动势 E,方向由右手定则确定。由于转子导条彼此在端部短路,于是导条中便有感应电流,不考虑电动势与电流的相位差时,电流方向与电动势方向相同。这样,载流导条就在磁场中感生电磁力 f,形成电磁转矩 T,用左手定则确定其方向。转子在与旋转磁场同方向的力 f(电磁转矩 T)的作用下,便沿着该方向跟随着旋转磁场旋转。

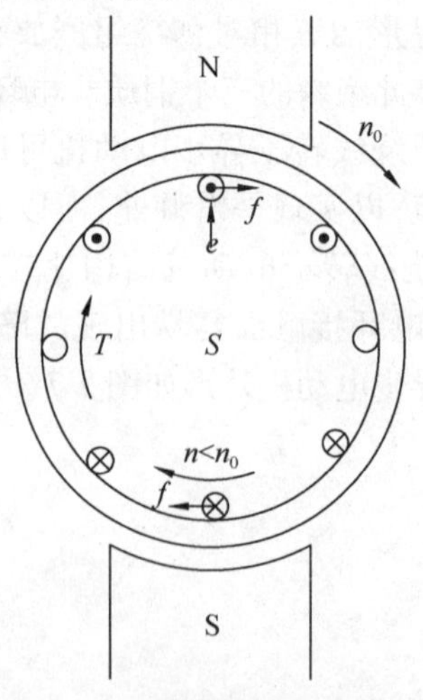

图 2-7-4　三相异步电动机的工作原理

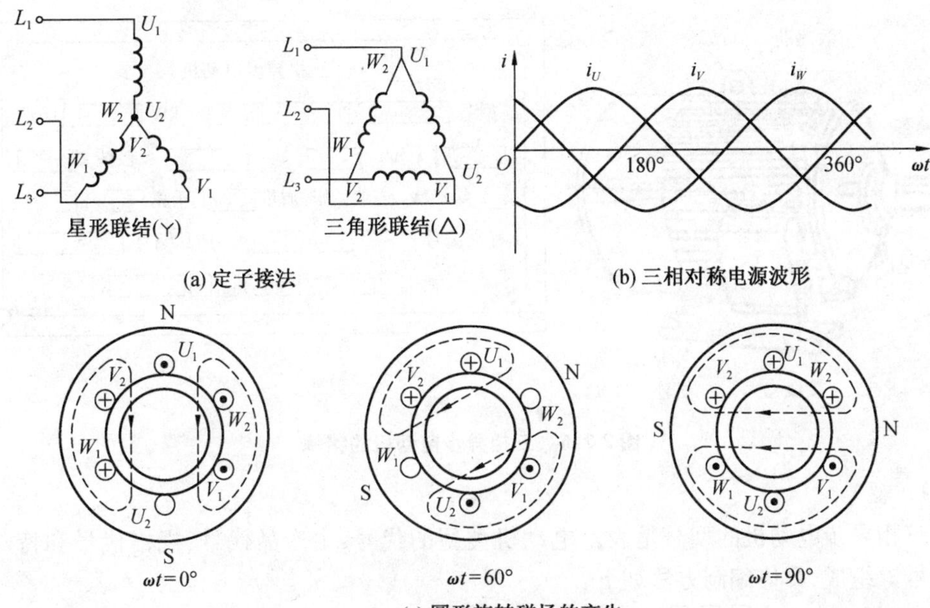

(c) 圆形旋转磁场的产生

图 2-7-5 三相异步电动机圆形旋转磁场的产生

转子旋转后,假设其转速为 n,只要 $n < n_0$,转子导条与磁场之间仍有相对运动,就产生与转子不转时相同方向的电动势、电流及受力 f,电磁转矩 T 仍为顺时针方向,转子继续旋转,最终在电磁转矩 T 与负载转矩 T_L 相平衡的状况下稳定运行。

异步电动机内部磁场的旋转速度 n_0 被称作同步转速。在电动机运行时,电动机轴输出机械功率,异步电动机的实际转速 n 总是低于旋转磁场转速 n_0,也就是说转子的旋转速度 n 总是与同步转速 n_0 不等,故异步电动机的名称由此而来。另外,由于转子电流的产生和电能的传递是基于电磁感应现象,故异步电动机又称为感应电动机。

异步电动机的同步转速 n_0 与定子绕组磁极对数 P(等于磁极数的一半)成反比,与定子侧电源频率 f_1 成正比(对于交流电动机,其定子侧的物理量习惯用下标 1 或者下标 s 表示,对其转子侧的物理量习惯用下标 2 或者下标 r 表示),故有:$n_0 = 60f_1/P$。

带有负载的电动机转子的实际转速 n 要比电动机的同步转速 n_0 低一些,常用转差率描述异步电动机的不同运行状态。转差率 $S = (n_0 - n)/n_0$,近似有 $n = n_0(1 - S)$。

当电动机为空载(输出的机械转矩近似为 0),忽略摩擦转矩,转速近似为 n_0 时,转差率 S 近似为 0;而当电动机为满负载(产生额定转矩)时,则转差率 S 一般在 1.5% ~6% 范围内;转子不转时($n_0 = 0$),$S = 1$。

2.7.3 三相异步电动机的铭牌

在每台三相异步电动机的机壳上都有一块铭牌,上面标有三相异步电动机的型号、规格和有关技术数据,如图 2-7-6 所示。

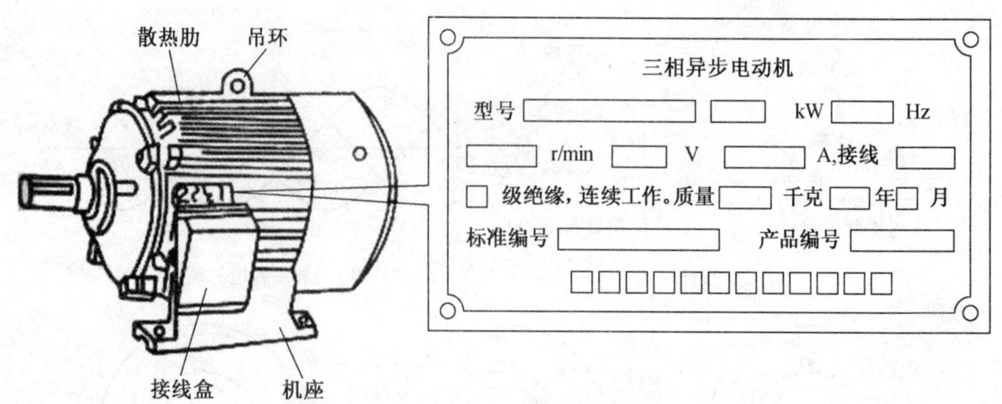

图 2-7-6　三相异步电动机的铭牌

1. 型号

三相异步电动机的型号是表示电动机类型的代号,由产品代号、规格代号和特殊环境代号等组成,具体编制方法如下:

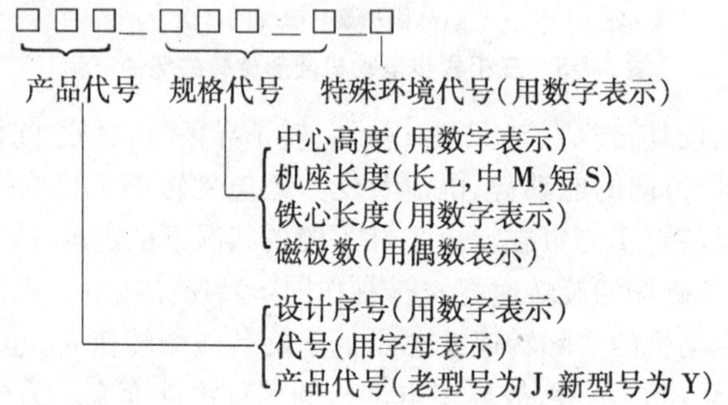

例如:

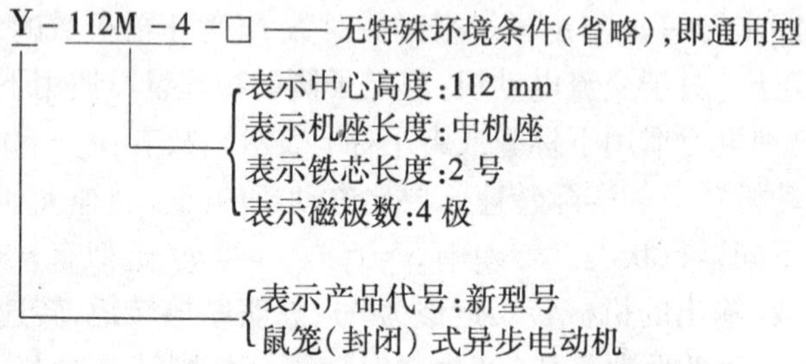

2. 额定值

三相异步电动机铭牌上标注的主要额定值如表 2-7-1 所示。

表 2-7-1　三相异步电动机铭牌上标注的主要额定值

额定值	说　明
额定功率(P_N)	电动机在额定工作状态下运行时转轴上输出的机械功率,单位是 kW 或 W
额定频率(f)	电动机的交流电源频率,单位是 Hz
额定转速(n_v)	电动机在额定电压、额定频率和额定负载下工作时的转速,单位是 r/min

续表

额定值	说　明
额定电压(U_N)	指在额定负载下电动机定子绕组的线电压。通常铭牌上标有两种电压,如220 V/380 V,与定子绕组的不同接法一一对应
额定电流(I_S)	电动机在额定电压、额定频率和额定负载下定子绕组的线电流。对应接法的不同,额定电流也有两种额定值
绝缘等级	电动机绕组所用绝缘材料按它允许耐热程度规定的等级,这些级别为:A级105 ℃;E级120 ℃;B级130 ℃;F级155 ℃
功率因数($\cos\varphi$)	电动机从电网所吸收的有功功率与视在功率的比值。在视在功率一定时,功率因数越大,电动机对电能的利用率也越高

3. 工作方式

三相异步电动机的工作方式有3种,如表2-7-2所示。

表2-7-2　三相异步电动机的工作方式

工作方式	说　明
连续	电动机在额定负载范围内,允许长期连续不停使用,但不允许多次断续重复使用
短时	电动机不能连续不停使用,只能在规定的负载下做短时间的使用
断续	电动机在规定的负载下,可做多次断续重复使用

4. 编号

编号表示三相异步电动机所执行的技术标准编号。其中"GB"为国家标准,"JB"为机械部标准,后面数字是标准文件的编号。如JO2系列三相异步电动机执行JB 742—66标准,Y系列三相异步电动机执行JB 3074—82标准等。而Y系列三相异步电动机性能比旧系列电动机更先进,具有启动转矩大、噪音低、震动小、防护性能好、安全可靠、维护方便和外形美观等优点,符合国际电工委员会(IEC)标准。

2.7.4　三相异步电动机的连接方式

电动机定子绕组的常用连接方式有星形(Y)和三角形(△)两种。三相定子绕组的6个出线端,引出于机座上的接线盒内,根据电动机的铭牌和电源线电压可方便地把定子绕组接成星形或三角形,如图2-7-7所示。

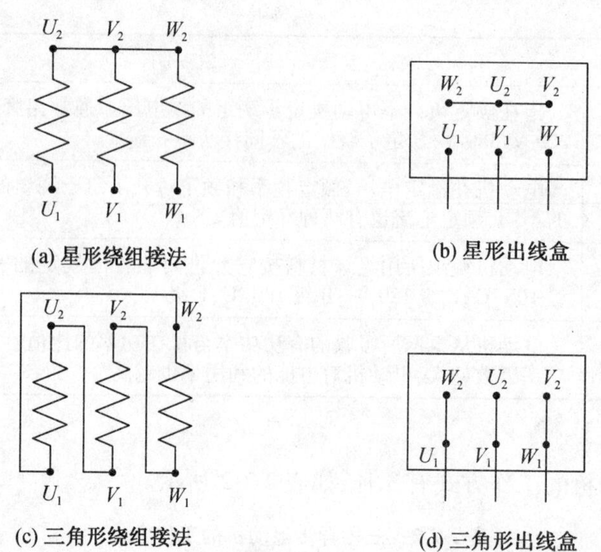

图 2-7-7 三相异步电动机的星形和三角形接法

定子绕组的连接方法应与电源电压相对应,如电动机铭牌上标注的 220 V/380 V、△/Y 字样。当电源电压为220 V时定子绕组为"△"形连接,当电源电压为380 V时定子绕组为"Y"形连接。接线时不能搞错,否则会损坏电动机。

在实际应用中,若要改变三相异步电动机的旋转方向,只要将三相电源引接线中任意两相互换一下位置即可。

可见,接线方式不同,电动机绕组所承受的电压不同,电动机作星形连接时的每相定子绕组电压为作三角形连接时的 $1/\sqrt{3}$ 倍。在实际生产过程中,三角形连接的电动机可以利用 Y－△转换来实现降压启动,即电动机在启动时将三相绕组接成星形,以降低每相绕组上的电压,减小启动电流,减轻对电网的影响。待启动完毕,转子正常运行时,再将三相绕组接成三角形,使电动机在额定电压下运行。

2.7.5 三相异步电动机的接地

三相异步电动机的保护接地装置是由接地体和接地线构成的,如图 2-7-8 所示。

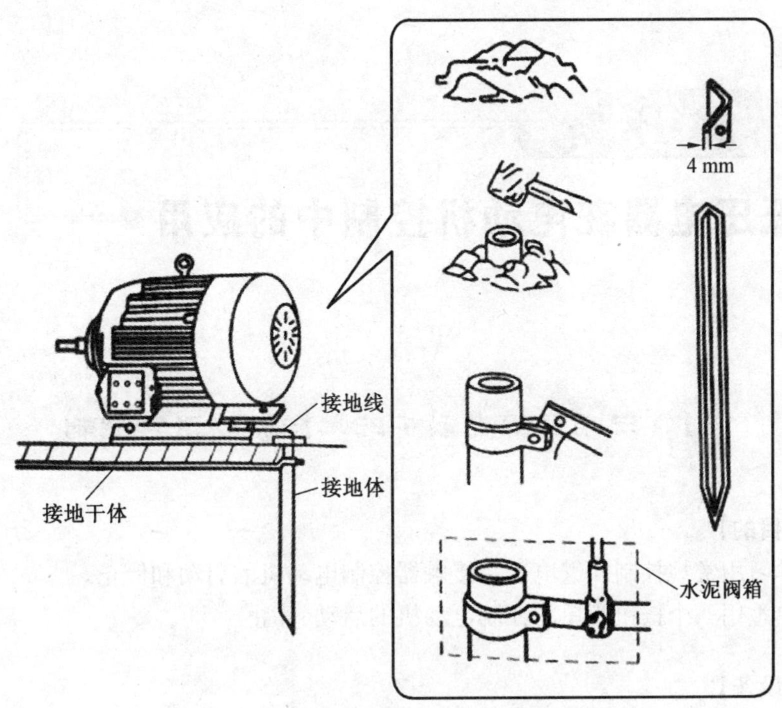

图 2-7-8　三相异步电动机保护接地装置

1. 接地体

三相异步电动机的接地体可用圆钢、角钢、扁钢或钢管制成，头部做成尖形，以便垂直打入地中。接地体长度一般不小于 2 m。

2. 接地线

三相异步电动机的接地线一般采用多股铜芯软导线，其截面积不小于 4 mm^2，其长度不小于 0.5 m；接地线的接地电阻不应大于 10 Ω。在日常维护时，要经常检查三相异步电动机的接地装置是否良好，如果发现问题要及时处理，以免引发安全事故。

第3章 低压电器在电动机控制中的应用

3.1 三相异步电动机的单向点动运转控制

【实训目的】

(1) 学习用常规控制即继电器－接触器控制电动机的启动和停止。

(2) 熟悉用一个按钮简单的控制电动机的启动、停止。

【仪器设备】

实训使用仪器设备如表3-1-1所示。

表3-1-1 三相异步电机的单向点动运转控制使用仪器设备

文字代号	名称	型号	规格	数量
QF	低压断路器	DZ47－60	AC 400 V/60 A	1只
FU	熔断器	F2AL250V	250 V/2 A	3只
KM	交流接触器	F4－22	AC 660 V/10 A	1只
FR	热继电器	JR36－20	AC 690 V/0.25～160 A	1只
M	三相异步电动机	AO25614	AC 380 V 1400 r/min	1台
SB	按钮	NP4	AC 380 V /DC 220 V	1只
HL1,HL2	指示灯	NP4－XD	AC 220 V	2只

【实训要求】

用一个按钮控制交流接触器线圈的通电和断电,从而利用接触器触点的接通和断开控制电动机的通电和断电,起到即时控制电动机工作与否的作用。具体要求如下:

1. 电动机运行

按住常开按钮SB,交流接触器KM吸合,电动机得电运行。

2. 电动机停止

松开按钮SB,按钮复位断开,交流接触器KM复位,电动机断电停止运行。

3. 指示灯

电动机停止运转时红色指示灯HL1亮;电动机正常运行时绿色指示灯HL2亮。

【实训原理】

电动机点动控制的电气接线图分为主电路和控制电路两部分。主电路为一次动力电源的三相电经过一系列的保护和操作元件接到电动机的三相定子绕组上，如图3-1-1所示。控制电路是用来控制主电路的，由二次操作电源供电，分别接到三条支路，第一条接到按钮开关、热继电器和交流接触器线圈，后两条分别通过交流接触器的触点接到绿色和红色指示灯上，如图3-1-2所示。

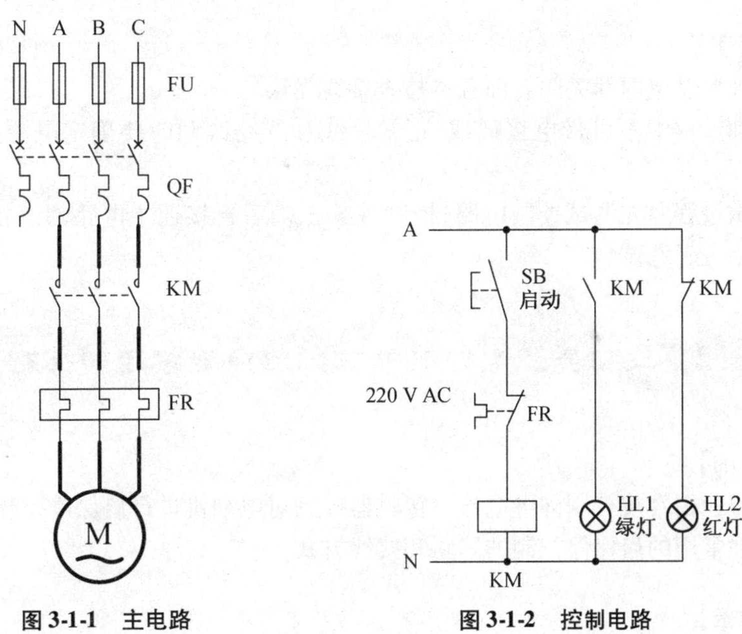

图3-1-1　主电路　　　　图3-1-2　控制电路

【操作步骤】

(1) 按图3-1-1所示连接三相异步电动机点动控制的主电路。

主电路A,B,C三相电从实训设备一次动力电源处获取。一次动力电源板输出黄、绿、红端子与1#交流接触器主回路触点上桩头黄、绿、红端子分别连接;1#交流接触器主回路触点下桩头黄、绿、红端子与1#热继电器的热元件上桩头黄、绿、红端子分别连接;1#热继电器热元件下桩头黄、绿、红端子分别与三相异步电动机定子绕组的D1,D3,D5连接;三相异步电动机电机端子按三角形接法处理，即电动机端子D1,D6短接,D2,D3短接,D4,D5短接，动力主回路电源连接完成。

(2) 按图3-1-2所示连接三相异步电动机点动控制的控制回路。

控制电路由二次操作电源A,N供电。

第一条支路:A相接常开按钮的一端，按钮另外一端接1#热继电器的动断触点(常闭触点)，触点的另外一端接1#交流接触器的线圈，线圈另一端回到电源的N相。

第二和第三条支路:A相分别接1#交流接触器的辅助常开和常闭触点，触点的另外一端接绿色和红色指示灯，指示灯的另外一端回到N相。

(3) 检查接线是否有误。

按照接线图检查接线是否有误。

(4) 通电调试。

在接线无误的情况下通电调试电路。

首先调试控制电路,闭合实训台总开关(实训台靠近电脑一侧的侧面),二次操作电源通电。按下启动按钮,交流接触器线圈通电,所有触点动作,红灯熄灭,绿灯亮。松开按钮,接触器复位,红灯亮,绿灯灭。

然后调试主电路,闭合一次动力电源的低压断路器。再次按下启动按钮,接触器通电工作,指示灯亮灭正常,电动机工作。松开按钮,电动机断电,停止工作。

【注意事项】

(1) 实训台总电源开关闭合前务必检查接线无误。

(2) 实训过程中不可带电接插线,正常接线和线路改动时要确定电源开关在断开状态。

(3) 调试过程要先调试控制电路,控制现象正确后再接通主电路的三相电,将主电路和控制电路一起调试。

3.2 三相异步电动机的单向启停连续运转控制

【实训目的】

(1) 学习使用常规控制即继电器 - 接触器控制对电动机进行启保停控制。

(2) 掌握常用的启保停控制的思路和接线方式。

【仪器设备】

三相异步电动机的单向启停连续运转控制使用仪器设备如表 3-2-1 所示。

表 3-2-1 三相异步电动机的单向启停连续运转控制使用仪器设备

符号	名称	型号	规格	数量
QF	低压断路器	DZ47 - 60	AC 400 V/60 A	1 只
FU	熔断器	F2AL250V	250 V/2 A	3 只
KM	交流接触器	F4 - 22	AC 660 V/10 A	1 只
FR	热继电器	JR36 - 20	AC 690 V/0.25 ~ 160 A	1 只
M	三相异步电动机	AO25614	AC 380 V 1400 r/min	1 台
SB	按钮	NP4	AC 380 V /DC 220 V	2 只
HL1,HL2	指示灯	NP4 - XD	AC 220 V	2 只

【实训要求】

用两个按钮分别控制交流接触器线圈的通电和断电,从而控制电动机的启动和停止,可以使电动机同一方向连续运转。具体要求如下:

1．电动机运行

按下启动按钮 SB1，交流接触器 KM 吸合，电动机得电运行。松开按钮，电动机保持运行。

2．电动机停止

按下停止按钮 SB2，交流接触器 KM 复位，电动机断电停止运行。

3．指示灯

电动机停止运转时红色指示灯 HL2 亮；电动机正常运行时绿色指示灯 HL1 亮。

【实训原理】

电动机启停连续控制的电气接线图分为主电路和控制电路两部分。主电路和电动机点动控制的主电路相同，一次动力电源的 A，B，C 三相电经过一系列的保护和操作元件接到电动机的三相定子绕组上，如图 3-2-1 所示。控制电路如图 3-2-2 所示，由二次操作电源 A，N 供电，分别接到三条支路，第一条接到启动按钮、停止按钮、热继电器和交流接触器线圈，后两条分别通过交流接触器的触点接到绿色和红色指示灯上。

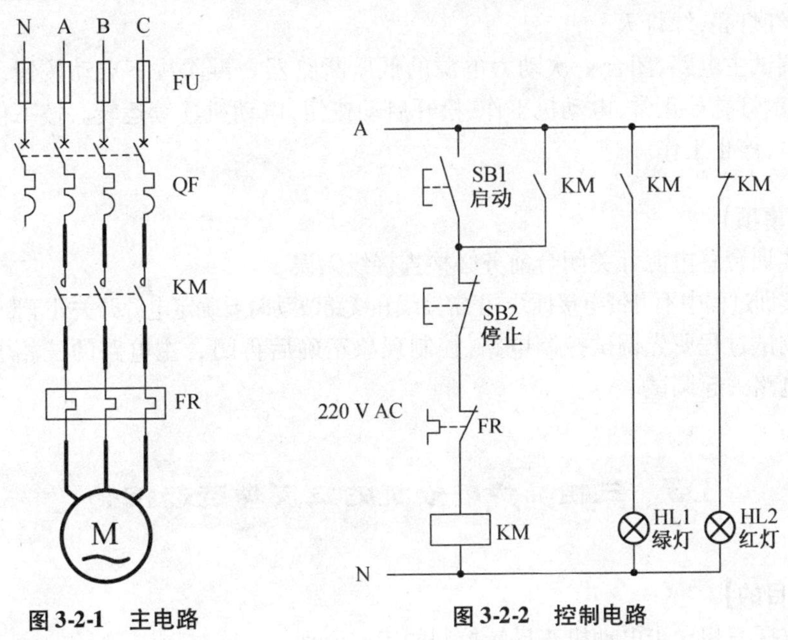

图 3-2-1　主电路　　图 3-2-2　控制电路

【操作步骤】

(1) 按图 3-2-1 所示连接三相异步电动机启停连续控制的主电路。

主电路 A，B，C 三相电从实训设备一次动力电源处获取。一次动力电源板输出黄、绿、红端子与 1#交流接触器主回路触点上桩头黄、绿、红端子分别连接；1#交流接触器主回路触点下桩头黄、绿、红端子与 1#热继电器的热元件上桩头黄、绿、红端子分别连接；1#热继电器热元件下桩头黄、绿、红端子分别与三相异步电动机定子绕组的 D1，D3，D5 连接；三相异步电动机电机端子按三角形接法处理，即电动机端子 D1，D6 短接；D2，D3 短接；D4，D5 短接，动力主回路电源连接完成。

(2) 按图 3-2-2 所示连接三相异步电动机启停连续控制的控制回路。

控制电路接二次操作电源A,N。

第一条支路:A相接常开按钮和1#交流接触器辅助常开触点的一端,按钮和触点的另外一端接常闭按钮的一端,常闭按钮的另一端接1#热继电器的动断触点(常闭触点),触点的另外一端接1#交流接触器的线圈,线圈另一端回到电源的N相。

第二和第三条支路:A相分别接1#交流接触器的辅助常开和常闭触点,触点的另外一端接绿色和红色指示灯,指示灯的另外一端回到N相。

(3) 检查接线是否有误。

按照接线图检查接线是否有误。

(4) 通电调试。

在接线无误的情况下通电调试电路。

首先调试控制电路,闭合实训台总开关(实训台靠近电脑一侧的侧面),二次操作电源通电。按下启动按钮SB1,交流接触器线圈通电,所有触点动作,红灯HL2熄灭,绿灯HL1亮。松开按钮SB1,由于和常开按钮并联的交流接触器辅助常开触点闭合起到自锁作用,使接触器线圈持续通电。按下停止按钮SB2,接触器线圈断电,接触器复位,即所有触点复位,红灯亮,绿灯灭。

然后调试主电路,闭合一次动力电源的低压断路器。再次按下启动按钮,接触器通电工作,指示灯亮灭正常,电动机工作,松开启动按钮,电动机连续运转。按下停止按钮,电动机断电,停止工作。

【注意事项】

(1) 实训台总电源开关闭合前务必检查接线无误。

(2) 实训过程中不可带电接插线,正常接线和线路改动时要确定电源开关处于断开状态。

(3) 调试过程要先调试控制电路,控制现象正确后再闭合主电路的三相电,将主电路和控制电路一起调试。

3.3 三相异步电动机的正反转运动控制

【实训目的】

(1) 掌握三相异步电动机正反转控制的工作原理。

(2) 熟悉继电器-接触器控制电动机正反转的接线方法。

【仪器设备】

三相异步电动机的正反转运动控制使用仪器设备如表3-3-1所示。

表 3-3-1　三相异步电动机的正反转运动控制使用仪器设备

代号	名称	型号	规格	数量
QF	低压断路器	DZ47－60	AC 400 V/60 A	1只
FU	熔断器	F2AL250V	250 V/2 A	3只
KM1,KM2	交流接触器	F4－22	AC 660 V/10 A	2只
FR	热继电器	JR36－20	AC 690 V/0.25～160 A	1只
M	三相异步电动机	AO25614	AC 380 V 1400 r/min	1台
SB1,SB2,SB3	按钮	NP4	AC 380 V /DC 220 V	3只
HL1,HL2,HL3	指示灯	NP4－XD	AC 220 V	3只

【实训要求】

用3个按钮分别控制交流接触器KM1和KM2线圈的通电和断电，从而控制电动机的正转和反转。具体要求如下：

1. 电动机正转运行

按下正转启动按钮SB1，交流接触器KM1吸合，电动机得电正转运行。松开按钮，电动机保持正转。按下停止按钮SB3，电动机断电停止运行。

2. 电动机反转运行

按下反转启动按钮SB2，交流接触器KM2吸合，电动机得电反转运行。松开按钮，电动机保持反转。按下停止按钮SB3，电动机断电停止运行。

3. 指示灯

电动机正转时绿色指示灯HL1亮；电动机反转时黄色指示灯HL2亮；电动机停转时红色指示灯HL3亮。

【实训原理】

电动机正反转运行控制的主电路和控制电路接线图分别如图3-3-1和图3-3-2所示。主电路为一次动力电源A，B，C三相电经过熔断器和低压断路器分别接到2个交流接触器KM1和KM2，其中KM1控制电动机正转，KM2控制电动机反转。KM1和KM2的两组主触点上桩头并联在主电路中，相序相同，KM1和KM2的两组主触点下桩头接线的相序不同，KM1的下桩头三对主触点按A，B，C的相序接线，KM2的下桩头三对主触点按B，A，C的相序接线。这样，当两个接触器各自单独工作时，电动机M分别向两个不同的方向运转。必须注意的是，KM1和KM2绝对不能同时通电动作，否则会导致A，B两相电源之间短路。

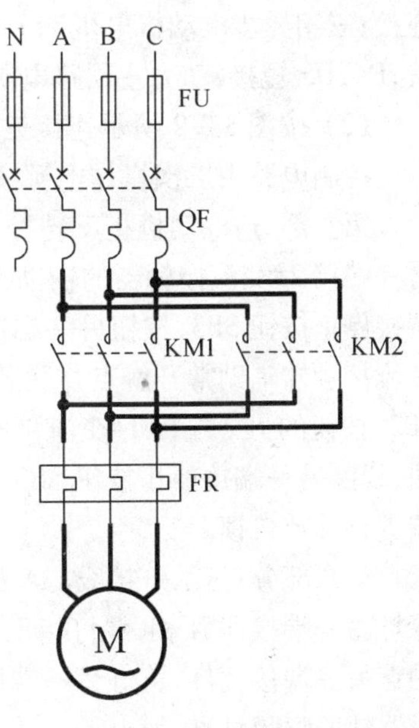

图 3-3-1　主电路

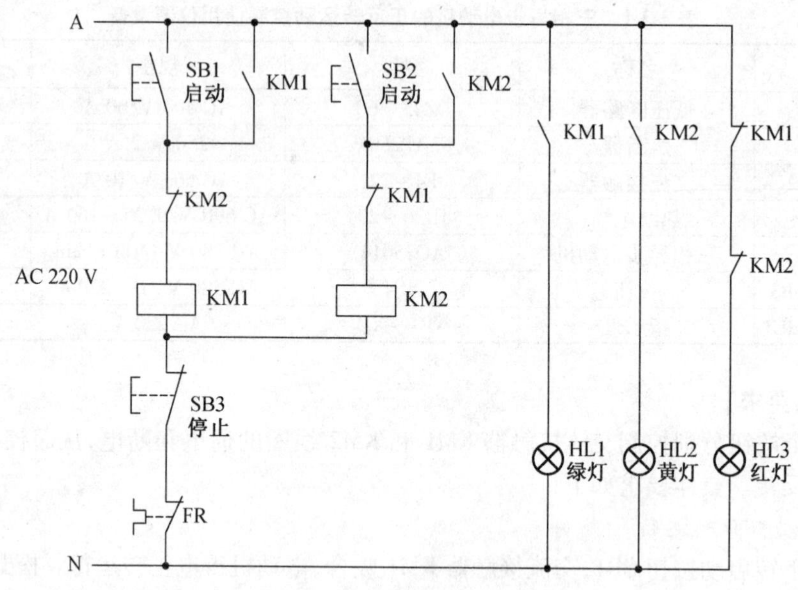

图 3-3-2 控制电路

【操作步骤】

(1) 按图 3-3-1 所示连接三相异步电动机正反转控制的主电路。

主电路 A,B,C 三相电从实验设备一次动力电源处获取。一次动力电源板输出黄、绿、红端子分别与 1#和 2#交流接触器主触点上桩头黄、绿、红端子连接;1#交流接触器主回路触点下桩头黄、绿、红端子分别与 1#热继电器的热元件上桩头黄、绿、红端子连接;2#交流接触器主触点下桩头绿、黄、红端子与 1#热继电器热元件上桩头黄、绿、红端子相连;1#热继电器热元件下桩头黄、绿、红端子分别与三相异步电动机定子绕组的 D1,D3,D5 连接;三相异步电动机电机端子按三角形接法处理,即电动机端子 D1,D6 短接;D2,D3 短接;D4,D5 短接,动力主回路电源连接完成。

(2) 按图 3-3-2 所示连接三相异步电动机正反转控制的控制回路。

控制电路由二次操作电源 A,N 供电。电路分成两部分。

第一部分:电动机正反转控制的接触器接线。A 相接正转启动的常开按钮,按钮的另一端接 2#交流接触器的辅助常闭触点,触点的另一端接 1#交流接触器线圈,线圈另一端接停止按钮 SB3,按钮另一端接热继电器动断触点,触点另一端接回到电源 N 相;将 1#交流接触器辅助常开触点并联到 SB1 按钮两端进行自锁。A 相接反转启动的常开按钮 SB2,按钮的另一端接 1#交流接触器的辅助常闭触点,触点的另一端接 2#交流接触器线圈,线圈另一端接停止按钮 SB3 上端;将 2#交流接触器辅助常开触点并联到 SB2 按钮两端进行反转自锁。

第二部分:指示灯接线。A 相接到 1#交流接触器辅助常开触点,触点另一端接绿灯,绿灯另一端接回 N 相,绿灯指示电动机正转状态;A 相接到 2#交流接触器辅助常开触点,触点另一端接黄灯,黄灯另一端接回 N 相,黄灯指示电动机反转状态;A 相接到 1#交流接触器辅助常闭触点,触点另一端接 2#交流接触器辅助常闭触点,触点另一端接红灯,红灯另一端接回 N 相,指示电动机停止状态。

（3）检查接线是否有误。

按照接线图检查接线是否有误。

（4）通电调试。

在接线无误的情况下通电调试电路。

首先调试控制电路，闭合实训台总开关（实训台靠近电脑一次的侧面），二次操作电源通电。按下正转启动按钮SB1，1#交流接触器线圈通电并自锁，触点动作，红灯HL3熄灭，绿灯HL1亮。按下停止按钮SB3，1#接触器线圈断电，所有触点复位，红灯亮，绿灯灭。按下反转启动按钮SB2，2#交流接触器线圈通电并自锁，触点动作，红灯HL3熄灭，黄灯HL2亮。按下停止按钮SB3，2#接触器线圈断电，所有触点复位，红灯亮，黄灯灭。

然后调试主电路，闭合一次动力电源的低压断路器。再次按下正转启动按钮，1#接触器通电工作，指示灯亮灭正常，电动机正转运行，松开按钮，电动机连续运转。按下停止按钮，电动机断电，停止工作。按下反转启动按钮，2#接触器通电工作，指示灯亮灭正常，电动机反转运行，松开按钮，电动机连续反向运转。按下停止按钮，电动机断电，停止工作。

【注意事项】

（1）实训台总电源开关闭合前务必检查接线无误。

（2）实训过程中不可带电接插线，正常接线和线路改动时要确定电源开关在断开状态。

（3）调试过程要先调试控制电路，控制现象正确后再闭合主电路的三相电，将主电路和控制电路一起调试。需要注意的是，在正转和反转状态切换时，由于接触器连接的互锁作用，必须先断开前一种状态，才能切换到相反的另一种状态。

3.4　三相异步电动机的Y－△降压启动控制

【实训目的】

（1）熟悉三相异步电动机星形（Y）启动三角形（△）运行控制原理。

（2）掌握三相异步电动机Y启动△运行的接线方法。

【仪器设备】

三相异步电动机的Y－△降压启动控制使用的仪器设备如表3-4-1所示。

表3-4-1　三相异步电动机的Y－△降压启动控制使用仪器设备

代号	名称	型号	规格	数量
QF	低压断路器	DZ47－60	AC 400 V/60 A	1只
FU	熔断器	F2AL250V	250 V/2 A	3只
KM1，KM2，KM3	交流接触器	F4－22	AC 660 V/10 A	3只
KT	时间继电器	JS11S	AC 380 V /DC 220 V	1只
FR	热继电器	JR36－20	AC 690 V/0.25～160 A	1只

续表

代号	名称	型号	规格	数量
M	三相异步电动机	AO25614	AC 380 V 1400 r/min	1只
SB1,SB2	按钮	NP4	AC 380 V /DC 220 V	2只
HL1,HL2,HL3	指示灯	NP4 – XD	AC 220 V	3只

【实训要求】

用3个交流接触器控制电动机的Y启动△运行。具体要求如下:

1. 电动机Y启动

合上低压断路器QF,按下Y启动按钮,电动机定子绕组接成"Y"形启动,同时时间继电器KT线圈得电启动定时。

2. 电动机△运行

时间继电器到达整定时间,其延时断开触点断开、延时闭合触点闭合,电动机绕组接成△运行。

3. 指示灯

电动机Y启动过程中黄灯亮;由"Y"转到"△"之后绿灯亮,指示电动机正常工作;电动机断电时红灯亮。

【实训原理】

三相异步电动机Y启动△运行的目的是减小电机启动时的冲击电流。启动方法为:电机启动和正常运行时分别在定子绕组上施加不同的电压,在启动时将电机绕组接成"Y"形,此时电机的每相绕组接入的是220 V的交流电。由于施加的电压较低,所以启动时的电流会比较小,减少了电机启动时的冲击电流和对电网的冲击。当电机启动正常后,它的工作电流与启动时相比会大幅度减小,这时由控制电路通过时间继电器和接触器的转换,将电机3个绕组改成"△"形连接,这时电机绕组中所接入的电压变成了380 V,电机就能满负荷工作。

三相异步电动机Y启动△运行的电气接线图包括主电路图和控制电路图,分别如图3-4-1和图3-4-2所示。

主电路由一次动力电源380 V三相电源供电。电路中低压断路器QF起开关和保护作用,熔断器FU和热继电器FR分别作短路保护和过载保护。KM1和KM3的主触点接通时将三相异步电动机的绕组接成"Y"形。KM1和KM2的主触点接通时将三相异步电动机的绕组接成"△"形。

控制电路由二次操作电源220 V交流电供电。可将电路图分为3个部分。第一部分:指示灯。从A相电源接线分别接到1#、2#和3#交流接触器的辅助触点,再接到红灯、绿灯和黄灯上。当2#交流接触器接通时,绿灯亮;3#交流接触器接通时,黄灯亮;1#交流接触器断开时,红灯亮。第二部分:1#、3#交流接触器和时间继电器的线圈回路。从A相电源接线接到停止按钮,再由停止按钮接到启动按钮和1#交流接触器的辅助常开触点。再接1#、3#交流接触器和时间KT的线圈。第三部分:由启动按钮接到时间继电器和2#交流接触器的触点,再接到2#交流接触器的线圈,作为△运行的回路。

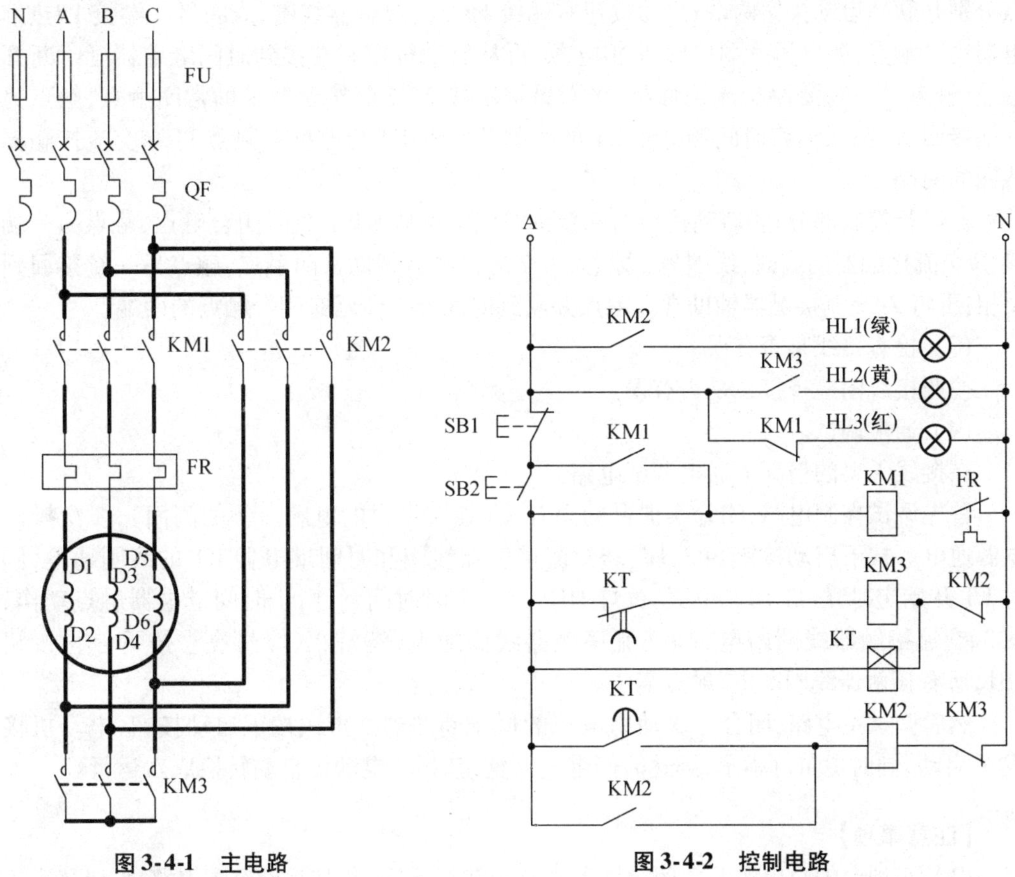

图3-4-1　主电路　　　　图3-4-2　控制电路

【操作步骤】

(1) 按图3-4-1所示连接三相异步电动机Y启动△运行控制的主电路。

主电路A,B,C三相电从实训设备一次动力电源处获取。一次动力电源板输出黄、绿、红端子分别与1#交流接触器主回路触点上桩头黄、绿、红端子连接;1#交流接触器主回路触点下桩头黄、绿、红端子分别与1#热继电器的热元件上桩头黄、绿、红端子连接;1#热继电器热元件下桩头黄、绿、红端子分别与三相异步电动机定子绕组的D1,D3,D5连接;三相异步电动机定子绕组尾端D2,D4,D6分别接3#交流接触器上桩头绿、黄、红端子;2#交流接触器上桩头黄、绿、红端子分别与1#交流接触器上桩头黄、绿、红端子连接,下桩头黄、绿、红端子分别与3#交流接触器上桩头黄、绿、红端子连接。动力主回路电源连接完成。

(2) 按图3-4-2所示连接三相异步电动机Y启动△运行的控制回路。

控制电路接二次操作电源A,N。电路分三部分进行接线。

指示灯部分:A相接2#交流接触器的辅助常开触点一端,触点另一端接绿色指示灯,灯的另一端接回N相电源;A相接3#交流接触器辅助常开触点一端,触点另一端接黄色指示灯,灯的另一端接回N相电源;A相接1#交流接触器辅助常闭触点,触点另一端接红色指示灯,灯的另一端接回N相电源。

Y启动控制部分:A相接停止按钮左端,右端接启动按钮,1#交流接触器辅助常开触点分别并联到启动按钮两端；启动按钮右端接1#交流接触器线圈，线圈另一端接1#热继电器动断触点，触点另一端接回N相电源；再从启动按钮右端接到时间继电器延时断开触点，触点另一端接3#交流接触器，线圈另一端接2#交流接触器辅助常闭触点，触点另一端接回N相；最后将时间继电器KT的线圈并联到KT延时断开触点和3#交流接触器线圈的两端。

△运行控制部分：从启动按钮右端接到时间继电器KT的延时闭合触点，触点另一端接2#交流接触器的线圈，线圈另一端接3#交流接触器辅助常闭触点，触点另一端接回到N相；再将2#交流接触器辅助常开触点并联到时间继电器延时闭合触点的两端。

(3) 检查接线是否有误。

按照接线图检查接线是否有误。

(4) 通电调试。

在接线无误的情况下通电调试电路。

首先调试控制电路，闭合实训台的总开关(在实训台的电脑一侧的侧面)，二次操作电源通电。按下启动按钮SB2，1#、3#交流接触器线圈和时间继电器KT的线圈通电，同时KT开始定时，红灯HL3熄灭，黄灯HL2亮。定时时间到，由于时间继电器触点动作，使3#交流接触器线圈断电、2#交流接触器线圈通电，黄灯灭、绿灯亮。按下停止按钮SB1，所有接触器线圈断电，触点复位。

然后调试主电路，闭合一次动力电源的低压断路器。再次按下启动按钮，电动机接成Y启动，同时由黄灯指示；到达时间继电器整定时间，电动机自动转换成△运行。

【注意事项】

(1) 实训台的总电源开关闭合前务必检查接线无误，尤其是检查主电路中2#交流接触器的主触点的接线，看清楚触点的连接顺序，否则容易造成短路，烧坏电气设备。

(2) 实训过程中不可带电接插线，正常接线和线路改动时要确定电源开关在断开状态。

(3) 调试过程要先调试控制电路，控制现象正确后再闭合主电路的三相电，将主电路和控制电路一起调试。

3.5 双三相异步电动机的顺序控制

【实训目的】

(1) 掌握在电路中用到两台甚至多台电动机且需要按照顺序启动时的控制方法。

(2) 熟悉两台电动机顺序控制的接线方法。

【仪器设备】

双三相异步电动机的顺序控制使用仪器设备如表3-5-1所示。

表3-5-1　双三相异步电动机的顺序控制使用仪器设备

代号	名称	型号	规格	数量
QF	低压断路器	DZ47－60	AC 400 V/60 A	1只
FU	熔断器	F2AL250V	250 V/2 A	3只
KM1,KM2	交流接触器	F4－22	AC 660 V/10 A	2只
FR1,FR2	热继电器	JR36－20	AC 690 V/0.25～160 A	2只
M1,M2	三相异步电动机	AO25614	AC 380 V 1400 r/min	2台
SB1,SB2,SB3	按钮	NP4	AC 380 V/DC 220 V	3只
HL1,HL2,HL3	指示灯	NP4－XD	AC 220 V	3只

【实训要求】

用两个交流接触器控制两台电动机的启动,要求两台电动机启动时间有先后顺序。具体要求如下:

1. 电动机M1启动

合上低压断路器QF,按下1#电动机的启动按钮,1#电动机启动。

2. 电动机M2启动

在1#电动机启动之后,按下2#电动机的启动按钮,2#电动机才能启动和运行。

3. 指示灯

1#电动机启动后,绿灯亮;2#电动机启动后,黄灯亮;两台电动机都不启动时,红灯亮。

【实训原理】

在装有多台电动机的生产机械上,各电动机所起的作用是不同的,有时需按一定的顺序启动或停止,才能保证操作过程的合理性和工作的安全可靠。电动机的启动或停止必须按照一定的先后顺序来完成的控制方式,称为电动机的顺序控制。

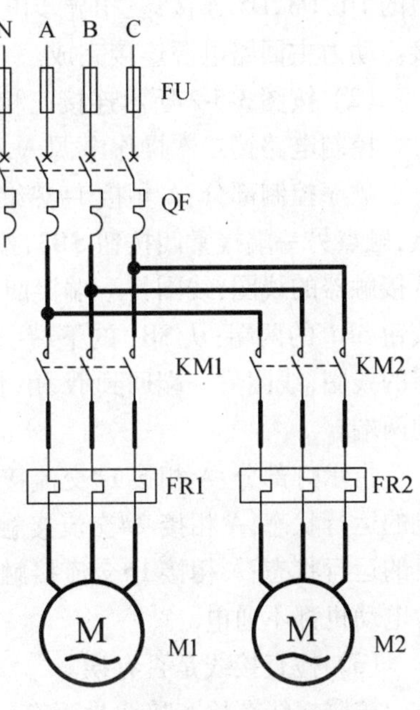

图3-5-1　顺序控制的主电路

实训中共有两台电动机需要按照先后顺序启动,即在1#电动机启动之后,2#电动机方可接通电源启动。控制中采用的是利用控制电路的接线技巧来控制启动顺序。顺序控制的主电路接线图如图3-5-1所示,主电路由A,B,C三相电源供电,经过熔断器和断路器分别接到两个交流接触器,再由交流接触器连接到两个热继电器和电动机上。控制电路接线图如图3-5-2所示。由二次操作电源A,N供电。第一条支路为控制两台电动机按照顺序启动的控制部分,方法为:将2#电动机的控制接触器线圈串接在1#接触器的常开触点。这样只有在启动1#

电动机之后，才能将2#电动机启动，从而达到顺序启动的目的。

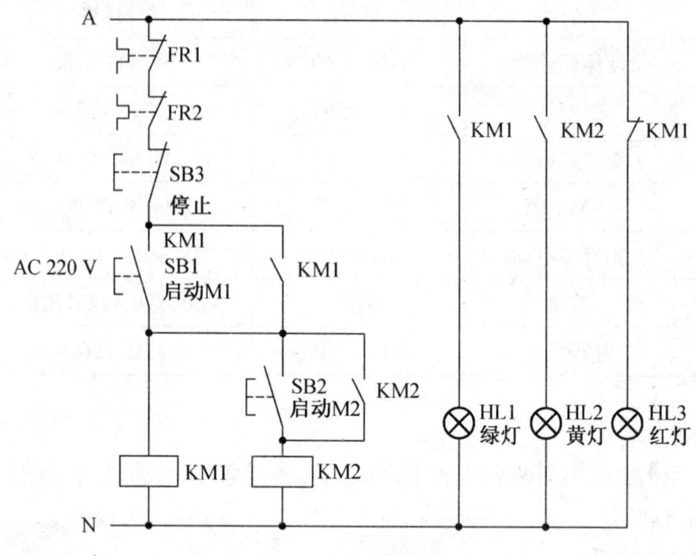

图3-5-2 顺序控制的控制电路

【操作步骤】

(1) 按图3-5-1所示连接三相异步电动机顺序控制的主电路。

主电路A,B,C三相电从实训设备一次动力电源处获取。一次动力电源板输出黄、绿、红端子分别与1#、2#交流接触器主回路触点上桩头黄、绿、红端子连接；1#、2#交流接触器主回路触点下桩头黄、绿、红端子分别与1#、2#热继电器的热元件上桩头黄、绿、红端子连接；1#、2#热继电器热元件下桩头黄、绿、红端子分别与1#、2#三相异步电动机定子绕组的D1,D3,D5连接；三相异步电动机定子绕组尾端D2,D4,D6端子可采用Y或者△连接。动力主回路电源连接完成。

(2) 按图3-5-2所示连接三相异步电动机顺序控制的控制回路。

控制电路接二次操作电源A,N。电路分两部分进行接线。

顺序控制部分：A相接1#热继电器的动断触点，触点另一端接2#热继电器的动断触点，触点另一端接常闭按钮SB3，按钮的另一端接常开按钮SB1，常开按钮另一端接1#交流接触器的线圈，线圈另一端接回到N相；将1#交流接触器的辅助常开触点并联到常开按钮SB1的两端；从SB1的下端引出接线接到SB2常开按钮，SB2另一端接2#交流接触器的线圈，线圈另一端回到N相，将2#交流接触器的辅助常开触点并联到SB2常开按钮的两端。

指示灯部分：A相接1#交流接触器的辅助常开触点，触点接绿色指示灯，指示1#电动机的运行状态；A相接2#交流接触器的辅助常开触点，触点接黄色指示灯，指示2#电动机的运行状态；A相接1#交流接触器的辅助常闭触点，触点接红色指示灯，指示灯指示两台电动机都不通电。

(3) 检查接线是否有误。

按照接线图检查接线是否有误。

(4) 通电调试。

在接线无误的情况下通电调试电路。

首先调试控制电路,闭合实训台的总开关(在实训台的电脑一侧的侧面),二次操作电源通电。按下1#电动机启动按钮SB1,1#交流接触器线圈通电,红灯HL3熄灭,绿灯HL1亮。按下2#电动机启动按钮SB2,2#交流接触器线圈通电,黄灯HL2亮。按下停止按钮SB3,所有接触器线圈断电,触点复位,红灯亮。

然后调试主电路,闭合一次动力电源的低压断路器。再次按下启动按钮SB1,1#电动机启动,由绿灯指示;按下启动按钮SB2,2#电动机启动,由黄灯指示。按下停止按钮SB3,两个电动机均停止工作。

【注意事项】

(1) 实训台的总电源开关闭合前务必检查接线无误。

(2) 实训过程中不可带电接插线,正常接线和线路改动时要确定电源开关处于断开状态。

(3) 调试过程要先调试控制电路,控制现象正确后再闭合主电路的三相电,将主电路和控制电路一起调试。

第4章 PLC及其应用基础

4.1 初识PLC

4.1.1 PLC的产生和飞速发展

1. PLC产生的背景

在PLC产生之前，很多自动化的电气控制系统采用的是继电器-接触器控制。继电器-接触器控制系统通过采用常用的低压电器，如主令器件(按钮、旋钮、万能转换开关、组合开关等)、熔断器、接触器和各种继电器构成电气线路，来控制生产设备的工作状态。

继电器-接触器控制实现了电气控制的自动化，可以远程操作设备，并且控制系统不容易受到其他信号的干扰，成本也较低，所以其应用迅速普及到制造业生产设备的各种场合。但是继电器-接触器控制也存在着诸多的缺点：

① 电磁效应的控制原理决定其动作速度慢。大多数继电器和接触器是利用电磁感应的原理来自动控制某条电气回路的接通或者断开，而这种反应产生之后再来带动相应的触点动作需要一定的时间，触点的动作过程可以通过眼睛清楚地观察到，说明动作时间比较长。

② 机械结构的组成决定其占用的空间较大。带电磁机构的继电器和接触器由铁芯、线圈、衔铁和触点等部分组成，结构比较复杂，而一套电气控制系统又由若干个继电器和接触器组成，所以系统所用的继电器和接触器加上连接用的导线组合起来会是一个庞然大物，将占用很多空间。

③ 电气接线的连接方式决定了其改造难度较大。继电器和接触器之间都需要用导线将其连接起来，单个元件上可能连有数条导线。如果是稍微复杂一些的系统，将会由成百上千条导线连接而成，在进行后期改造或者维修时难度是很大的，耗时耗力。如图4-1-1所示为某电气控制部分接线的外观，可以看出导线繁多，接线复杂。

图 4-1-1　继电器－接触器控制部分的接线

④ 器件间的简单逻辑关系决定其实现的功能单一。继电器－接触器控制系统可以实现的逻辑关系比较简单，比如串联、并联、定时和计数等功能，而难以实现复杂的逻辑控制。

由于继电器－接触器存在着上述缺陷，使其在安装、改造、复杂控制中有很多不便。这也意味着传统的继电器－接触器必将有所改进，甚至被一种新型的设备所取代。

到了 20 世纪中期，计算机技术的发展已经趋于成熟，应用也由科学计算拓展到数据处理、工业控制等领域。这为 PLC 的产生提供了很好的契机。

2. 第一台 PLC 的问世

1968 年，美国通用汽车公司（GM）根据生产线的特点，面向社会公开招标研制一项新型的控制器，以满足生产线能够灵活改造、通用性强的要求，提出以下 10 项要求：

① 编程方式简单，可实现在现场编辑和修改程序；

② 维护方便，最好是插件式结构；

③ 可靠性高于继电器控制柜；

④ 体积小于继电器控制柜；

⑤ 可与管理计算机进行通信；

⑥ 成本低，性价比可与继电器控制柜竞争；

⑦ 输入可以是交流 115 V（即用美国的电网电压）；

⑧ 输出驱动能力高，能直接驱动电磁阀，达到交流 115 V，2 A 以上；

⑨ 在扩展时，原有系统只需做很小的改动；

⑩ 用户程序存储器容量至少能扩展到 4 KB。

以上要求一经提出，社会反响强烈。而在 1969 年，美国数字设备（DEC）公司最早根据这 10 项要求研制出第一台可编程序控制器（PLC），并将其成功应用于通用汽车的生产线上，首次作为继电器－接触器的替代物应用于工业生产中。

4.1.2　PLC 的定义、功能和特点

可编程序控制器（Programmer Controller）简称为 PC，为了和个人计算机（PC）区分在名

字中加入其功能标志L。早期的PLC只能完成逻辑功能,所以被称为可编程序逻辑控制器。

1985年,国际电工委员会(International Electrotechnical Commission)对PLC做出明确定义:PLC是一种数字运算的电子设备,专门为工业环境下的应用而设计。它采用可编程序的存储器,用来在内部存储和执行逻辑运算、顺序控制、定时、计数和算术运算等操作的指令,可以处理数字式或者模拟式的输入和输出信号,控制多种类型的机械设备和生产过程。PLC及其相关设备都应按照易于与工业控制系统联成一个整体、易于扩充的原则设计。

以上定义解释了PLC的性质,其完成的主要功能和处理的信号类型,并规定了设计的原则。可以看出,PLC本身就是一种应用在工业设备上的计算机,并且应用范围十分广泛,这就要求其具有很高的通用性,可以面向多种对象。

PLC作为一种专门应用于工业生产中的控制器,有其独特的性能和特点:

① 能够实现多种控制功能。PLC不但可以处理开关量(继电器的触点或者开关"通"和"断"的两种状态),还可以处理模拟量(压力、位移、温度、流量等);既可以实现简单的信号控制,如定时、计数和顺序控制,也可以实现复杂的控制算法,如运动控制、PID闭环控制、数据处理等。

② 可靠性高,稳定性强。PLC的稳定性是由其硬件结构和工作方式决定的。PLC的输入接口电路中带有隔离器件,可以把工业环境中复杂多样的干扰信号屏蔽掉。另外PLC按照周期循环扫描的工作方式也使其能够有效地隔离信号处理过程中的干扰信号。

③ 编程简单易学。梯形图是使用得最多的PLC编程语言,其电路符号和表达方式与继电器电路原理图相似,梯形图语言形象直观,易学易懂。

4.1.3 PLC的硬件结构和工作原理

1. PLC的硬件系统

PLC的硬件系统由电源、CPU、存储器、输入接口电路、输出接口电路和通信接口等组成。PLC硬件结构框图如图4-1-2所示。

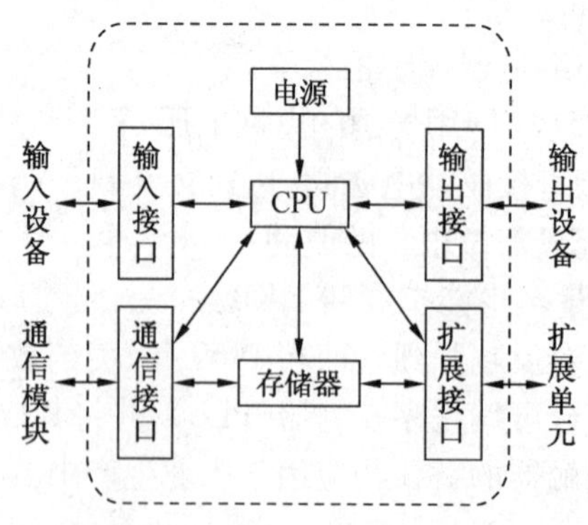

图4-1-2 PLC硬件结构框图

(1) 电源模块

PLC的电源模块是将接入到PLC的外部交流电源直接转换成供内部CPU、输入点或者输出点使用的电源型号。多数 PLC 的电源模块是把交流电转换成 24 V、12 V 或者 5 V 的稳定直流电以供内部使用,还可供外部的一些传感器等输入设备使用。

(2) CPU

CPU 即中央处理器,包括运算器、控制器和一些特殊的寄存器。它的主要作用是编译和执行指令,对数据进行运算和处理。在执行程序过程中,CPU 首先采样输入点信号,然后结合程序中所写的逻辑关系进行处理(包括定时、计数、算术运算等),再将最终处理的结果传送到输出端。

(3) 存储器

PLC 的存储器用来存放数据,包括系统程序存储器(ROM)和用户程序存储器(RAM)两部分。系统程序存储器用于存放厂家编写的系统程序,包括系统内部数据、管理程序和监控程序,程序是固定的,用户不能访问和修改。

用户程序存储器用来存放用户程序,在 PLC 使用过程中此类数据经常被修改、读出或重新设置,PLC 的用户程序存储器有锂电池作备用电源,所以用户程序在系统掉电后不会丢失。

(4) 输入接口电路

输入接口电路是 PLC 接收外部信号的窗口,可将外部电路中的按钮、开关或者传感器在工作中的开、关信号送给 PLC 采样,最终转换成 PLC 能够处理的信号。输入接口电路分直流输入型和交流输入型两种,两者适用的对象不同。直流输入型接口电路延迟时间短,可直接与大多数传感器如光电开关、接近开关等直接相连,而交流输入型接口电路多用于恶劣环境下(如粉尘、油雾多)的场合。

直流输入型接口电路如图 4-1-3 所示,方框圈出的是 PLC 内部电路,输入点外部与外围设备如开关、按钮或者传感器相连,再串联到直流 24 V 电源一端,直流电源另一端返回到输入点的公共端 1M。当输入点所接的开关接通时,24 V 电源经过内部电路中的 RC 滤波器、限流电阻、发光二极管和光电耦合器送到 PLC 的采样端,采样得到的输入点信号为“1”。

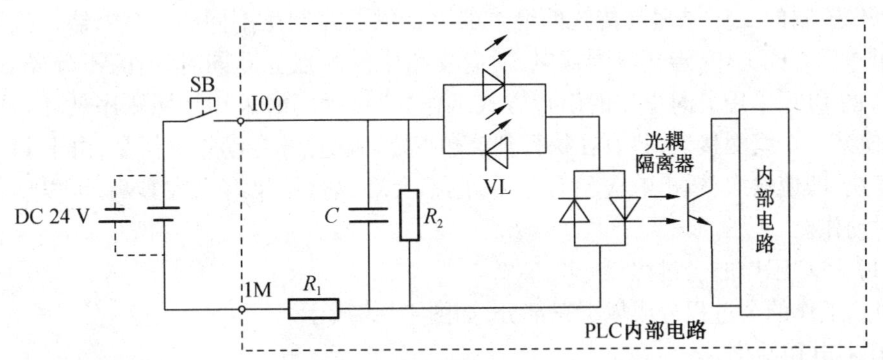

图 4-1-3　直流输入型接口电路

(5) 输出接口电路

输出接口电路是 PLC 向外部负载传递信号的通道。在传递信号过程中把数字信号转换成能够驱动负载,如继电器和接触器的线圈、指示灯、电磁阀等的电信号。

输出接口电路可以分成 3 种形式:晶体管输出型、晶闸管输出型和继电器输出型。

三者的主要区别是最终向外部传递信号的元件类型不同,下面简要介绍3种输出接口电路的特点。

① 晶体管输出型:输出信号的响应速度快、可靠性高、低噪声,适用于直流类型的负载,但是带负载能力小,驱动电流只有几十毫安。

② 晶闸管输出型:可靠性高、低噪声,适用于交流类型的负载,驱动能力一般,但不宜过载。

③ 继电器输出型:适用的电压范围宽,可以驱动交流负载,也可驱动直流负载。驱动电流大,每个输出点的最大电流可达到2 A,但响应速度慢,使用寿命短。

以继电器输出型接口电路为例,说明输出接口电路的工作过程,如图4-1-4所示。方框圈出的是PLC内部电路,Q0.0为输出点,和输出点相连的是负载(假设为指示灯),负载再和交流220 V电源串联后连接到公共端1L。PLC处理完用户程序,若输出信号为“1”,则PLC内部电路中的继电器线圈通电,对应的触点接通,外部负载就通电。

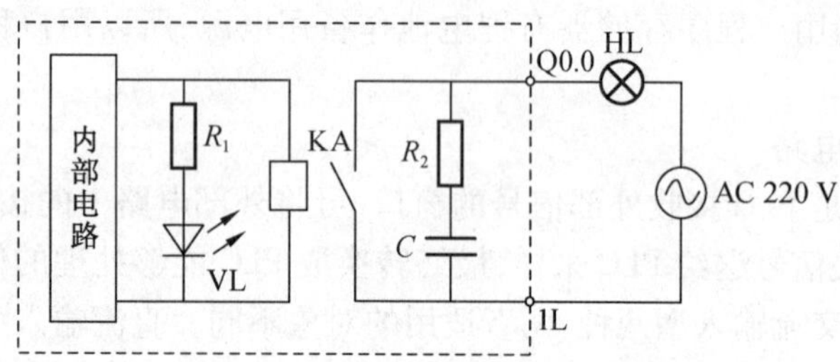

图4-1-4 继电器输出型接口电路

(6) 通信接口和扩展接口

通信接口是PLC和计算机或者其他的PLC及一些打印、监视设备连接的通道。

扩展接口可以扩展主机功能,使得配置更加灵活,系统功能更强大,满足各种不同的需要。

2. PLC的工作原理

PLC控制的工作原理与传统的继电器-接触器控制是不同的。继电器-接触器控制采用并行方式工作,当其线圈通电,所有支路中的触点立即同时动作,不分先后顺序。而PLC的CPU采用分时操作的串行方式工作,执行程序时采用按照顺序循环扫描的方式,即使某一个线圈接通,只有在执行到该触点之后触点才会动作。但是,由于PLC的运算速度快,即使输入/输出响应稍有滞后,也不会对执行结果有太大影响,可以近似看作是同时动作。

(1) PLC工作的全过程

PLC工作的全过程分成以下三部分,如图4-1-5所示。

① 上电初始化。

PLC一旦上电立即进行初始化,主要包括对硬件初始化,I/O模块配置的运行方式检查,停电保持范围等其他的初始化处理等。

② 扫描工作过程。

PLC采用的是按照顺序循环扫描的工作方式。PLC上电初始化之后,开始按照特定的顺序执行各部分任务,执行完一个过程,再从头开始,这样一个完整的循环扫描过程称为一个扫描周期,时间通常为 1 ~ 100 ms。扫描周期的时间长短与程序所用的指令有关。该过程中 CPU 先进行输入处理,再与外部设备交换信息。比如编程器就是一种很重要的外部设备,在用户将程序写入到编程器之后,还要将程序传送到 PLC 中才能执行,这个传送过程即为交换信息的过程。最后再根据 PLC 的状态选择工作过程。若 PLC 为 RUN 运行方式,便执行用户程序,再进行自诊断检查。若处于 STOP 方式,则立即转入自诊断检查。

③ 出错处理。

PLC 每次扫描过程都会进行自诊断检查,以确定 PLC 的各部分工作是否正常。检查对象主要包括 CPU、电池电压、程序存储器、I/O 模块等,若检查出异常,CPU 面板上的错误提示指示灯和异常继电器接通,并在特殊寄存器中存入出错代码。若出现致命错误,则 CPU 立即被强制为 STOP 模式,扫描工作停止。

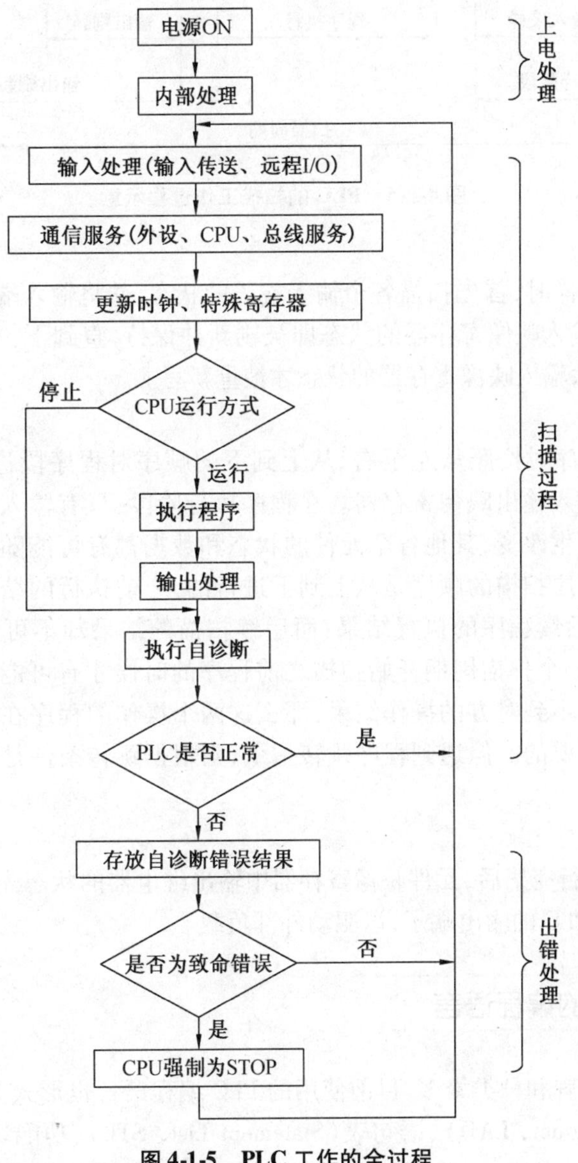

图 4-1-5 PLC 工作的全过程

(2) 扫描周期

暂不考虑扫描过程中的特殊模块和其他通信服务，一个扫描周期主要包括输入采样、程序执行和输出刷新3个阶段，如图4-1-6所示。

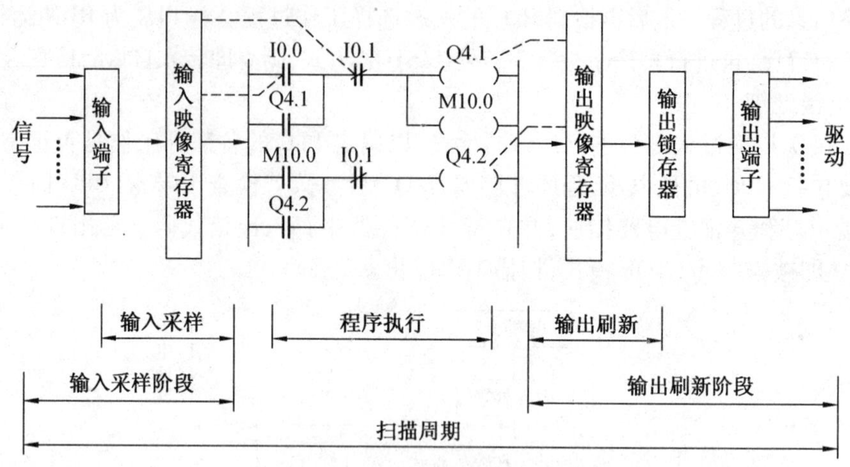

图4-1-6 PLC的扫描工作过程示意

① 输入采样。

PLC在输入采样时，首先扫描各个输入端子的状态，并将输入端的状态存入对应的输入映像寄存器，输入映像寄存器的状态即被刷新并保持，直到下一个扫描周期再次运行到输入采样阶段，输入映像寄存器的状态才被重新写入。

② 程序执行。

PLC在执行程序时按照从左至右、从上到下的顺序对程序段进行扫描，再将最后逻辑运算的结果放入输出映像寄存器。在程序执行阶段，只有输入映像寄存器存放的输入采样值不会发生改变，其他各个元件的状态和数据都有可能随着程序的执行随时发生改变。由于程序扫描的顺序是从上到下进行的，之前执行的结果可能被后续的程序用到，从而影响后续程序的执行结果；而后续扫描的结果却不可能改变之前的扫描结果，只有到了下一个扫描周期开始扫描之前程序的时候才有可能起作用。如果程序中两个操作相互用不到对方的操作结果，那么这两个操作的程序在整个用户程序中的相对位置是无关紧要的。但遇到程序跳转指令，则根据跳转条件是否满足来决定程序的跳转地址。

③ 输出刷新。

在所有程序执行完毕后，元件映像寄存器中输出继电器的状态先被转存到输出锁存器中，再被传送到PLC的输出端子，以驱动外部负载。

4.1.4 PLC的编程语言

由于PLC的品牌和种类繁多，目前使用的PLC编程语言也形式多样，使用较多的有梯形图(Ladder Diagram, LAD)、语句表(Statement List, STL)、功能块图(Function Block Diagram, FBD)，在一些中、大型PLC编程中，还会用到其特有的编程语言。

1. 梯形图语言(LAD)

梯形图语言是PLC编程语言中最常用的一种。它是由继电器-接触器电气控制图演化而来的,结构直观,入门方便,适用于了解继电器-接触器控制的人员。

梯形图编程语言与继电器-接触器控制有着本质不同:梯形图中的能流不是实际意义的电流,内部的继电器也不是实际存在的继电器,而是一种存储元件或者存储区域。图4-1-7所示为典型启停控制的梯形图。左右两侧两条长竖线为能量母线,类似于电路中的电源母线。西门子品牌的PLC在编程时右母线通常省略不画出。

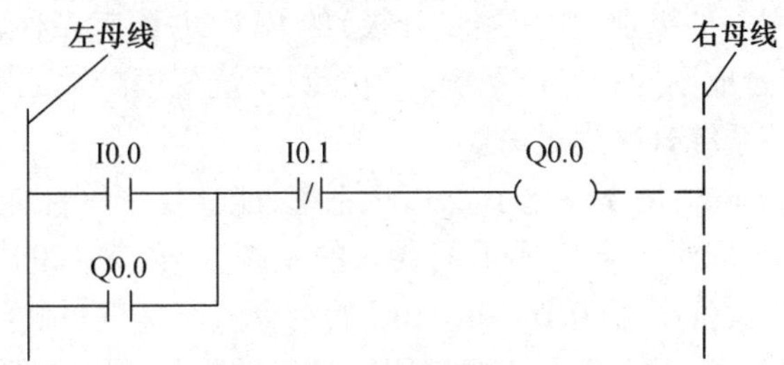

图4-1-7 启停控制的梯形图

2. 指令表语言(STL)

指令表语言是与汇编语言类似的一种助记符语言,由操作码和操作数组成。指令表编程方式适用于没有计算机做编程器时编写程序。指令表程序和梯形图程序之间可以相互转化。图4-1-8所示为PLC的梯形图和对应的指令表程序。

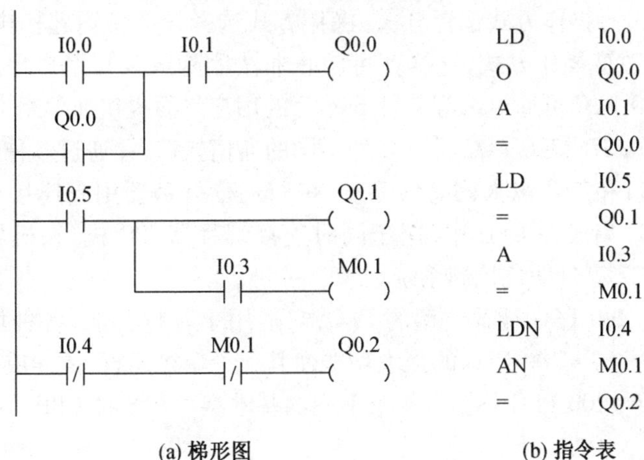

(a) 梯形图 (b) 指令表

图4-1-8 梯形图和其对应的指令表

3. 功能块图语言(FBD)

功能块图的写法和结构与数字逻辑电路相类似,沿用了半导体逻辑电路的逻辑方块图,有数字电路基础的工程人员更容易掌握。图4-1-9所示为某一程序的功能块。

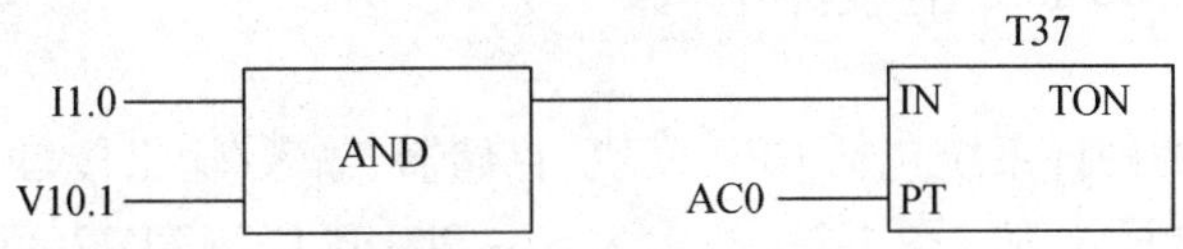

图4-1-9 PLC功能块图

4.1.5 西门子品牌的PLC及其各种系列

PLC的品牌多样，目前很多国家和地区都有自主品牌的PLC。其中，德国西门子(SIEMENS)公司研发的PLC在我国占有很大市场，西门子品牌的PLC分大、中、小型各种系列，技术可靠，使用方便。

SIMATIC S7－400系列的PLC属于大型机。结构上采用无风扇式的模块化设计，可靠耐用，同时可以选用多种级别(功能逐步升级)的CPU，并配有多种通用功能的模板，这使用户能根据需要组合成不同的专用系统。当控制系统规模扩大或升级时，只要适当地增加一些模板，便能使系统升级满足需要。

SIMATIC S7－300 PLC是模块化小型PLC系统，能满足中等性能要求的应用。各种单独的模块之间可进行广泛组合构成不同要求的系统。与S7－200 PLC比较，S7－300 PLC采用模块化结构，具备高速(0.6～0.1 μs)的指令运算速度；用浮点数运算比较有效地实现了更为复杂的算术运算；一个带标准用户接口的软件工具方便用户给所有模块进行参数赋值；方便的人机界面服务已经集成在S7－300操作系统内，人机对话的编程要求大大减少。SIMATIC人机界面(HMI)从S7－300中取得数据，S7－300按用户指定的刷新速度传送这些数据。S7－300操作系统自动地处理数据的传送；CPU的智能化的诊断系统连续监控系统的功能是否正常、记录错误和特殊系统事件(例如，超时、模块更换等)；多级口令保护可以使用户高度、有效地保护其技术机密，防止未经允许的复制和修改；S7－300 PLC设有操作方式选择开关，操作方式选择开关像钥匙一样可以拔出，当钥匙拔出时，就不能改变操作方式，这样就可防止非法删除或改写用户程序。具备强大的通信功能，S7－300 PLC可通过编程软件Step 7的用户界面提供通信组态功能，这使得组态非常容易、简单。S7－300 PLC具有多种不同的通信接口，并通过多种通信处理器来连接AS－I总线接口和工业以太网总线系统；串行通信处理器用来连接点到点的通信系统；多点接口(MPI)集成在CPU中，用于同时连接编程器、PC机、人机界面系统及其他SIMATIC S7/M7/C7等自动化控制系统。

SIMATIC S7－200 PLC是微小型的PLC，它适用于各行各业、各种场合中的自动检测、监测及控制等。S7－200 PLC的强大功能使其无论单机运行，或连成网络都能实现复杂的控制功能。S7－200 PLC可提供4个不同的基本型号与8种CPU。

4.2 S7－200 PLC的配置和使用

4.2.1 S7－200 PLC的硬件结构

S7－200 PLC的硬件系统包括CPU模块、存储器、输入/输出接口、电源、编程计算机或专用编程器、扩展模块等。图4-2-1所示为S7－200 PLC CPU226型的实物图。

图 4-2-1　S7－200 PLC 的外形图

CPU 模块又称为基本单元,S7－200 PLC 的 CPU 一般为 CPU22X 系列,该系列共有4 种型号,输入均为 DC 24 V,而输出分为晶体管型输出和继电器型输出,分别采用不同的供电电压。其具体型号及工作电压如表 4-2-1 所示。各型号的性能指标如表 4-2-2 所示。

表 4-2-1　S7－200 PLC CPU22X 型号

型号	输入/输出类型	电源电压	输入电压	输出电压
CPU221	DC 输出 DC 输入	DC 24 V	DC 24 V	DC 24 V
	继电器输出 DC 输入	AC 85～264 V	DC 24 V	DC 24 V AC 24～230 V
CPU222 CPU224/224XP CPU226	DC 输出	DC 24 V	DC 24 V	DC 24 V
	继电器输出	AC 85～264 V	DC 24 V	DC 24 V AC 24～230 V

表 4-2-2　S7－200 PLC CPU22X 性能指标

性能指标		CPU221	CPU222	CPU224	CPU224XP	CPU226
程序存储器容量/KB	可在运行模式编辑	4	4	8	12	16
	不可在运行模式编辑	4	4	12	16	24
数据存储器/KB		2	2	8	10	10
掉电保持时间(电容)/h		50		100		
I/O 点数	数字量	6 输入/ 4 输出	8 输入/ 6 输出	14 输入/ 10 输出	14 输入/ 10 输出	24 输入/ 16 输出
	模拟量	无			2 输入/1 输出	无
扩展模块数量/个		0	2	7	7	7
高速计数器	单相	4 路 30 kHz	4 路 30 kHz	4 路 30 kHz	4 路 30 kHz 2 路 200 kHz	6 路 30 kHz
	双相	2 路 20 kHz	2 路 20 kHz	4 路 20 kHz	3 路 20 kHz 1 路 100 kHz	4 路 20 kHz
脉冲输出(DC)		2 路 20 kHz			2 路 100 kHz	2 路 20 kHz
模拟电位器		1	1	2	2	2

续表

性能指标	CPU221	CPU222	CPU224	CPU224XP	CPU226
实时时钟	配时钟卡	配时钟卡	内置	内置	内置
通信口	1 个 RS - 485	1 个 RS - 485	1 个 RS - 485	2 个 RS - 485	2 个 RS - 485
浮点数运算	有				
数字量 I/O 映像区	128 输入/128 输出				
模拟量 I/O 映像区	无	16 输入/输出	32 输入/32 输出		
布尔指令执行速度	0.22 μs/指令				

由表4-2-2可以看出,各种型号CPU主机可带的扩展模块的数量都不同,例如,CPU221不可带扩展模块;CPU222模块最多可带2个扩展模块;CPU224,CPU226最多可带7个扩展模块。

S7-200 PLC各类主机提供的数字量I/O映像区范围为:128个输入映像寄存器(I0.0~I15.7)和128个输出映像寄存器(Q0.0~Q15.7),最大的I/O配置不能超过上述区域。

对PLC进行系统配置时,要首先对用到的输入/输出模块的输入/输出点进行编址。配置好的PLC系统的输入/输出点的地址都是固定的。编址时,按照同类型的模块对各输入/输出点按顺序编址。数字量输入/输出映像区的逻辑空间以8位(1个字节)递增。对数字量模块物理点的分配也是按照8个输入/输出点分配地址。即使有些模块的端子数不是8的整数倍,但仍以8个输入/输出点分配地址。例如,4输入/4输出模块也是占用8个输入点和8个输出点的地址,未用的物理点地址不能分配给I/O链中的后续模块,与未用物理点对应的I/O映像区的空间就会丢失。对于输出模块,这些丢失的空间可用来作为内部标志位存储器,对于输入模块却不可,因为每次输入更新时,CPU都会对这些空间清零。

4.2.2 S7-200 PLC的I/O接线

在使用PLC时,首先要根据地址表对PLC进行接线,即将PLC的电源端子及输入/输出端子分别和外部元件一一连接。

1. 接线端子排

西门子S7-200 PLC的基本模块根据供电电源的类型和数字量输入/输出接口的类型提供两种供电电源的CPU。第一种DC/DC/DC表示该CPU为直流供电,数字量输入点接直流电源,输出点为晶体管型输出;第二种AC/DC/RELAY表示该CPU为交流供电,数字量输入点接直流电源,输出点为继电器型输出。

下面以配置CPU226 AC/DC/RELAY的S7-200 PLC为例给出接线端子排,如图4-2-2所示。

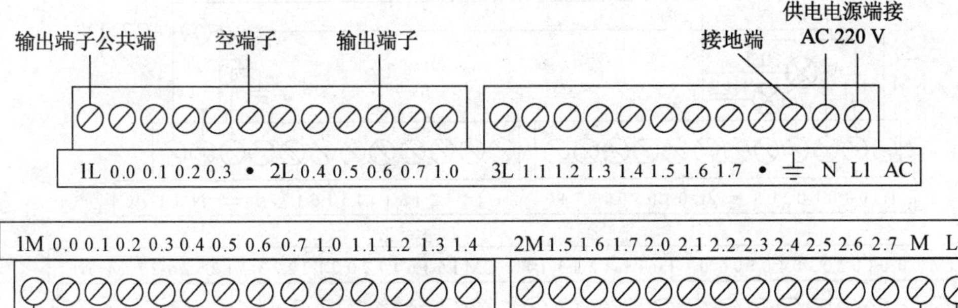

图 4-2-2　CPU226 AC/DC/RELAY 接线端子排

在图4-2-2中,N和L1是CPU供电电源的输入端,接入外部AC 220 V电源。机内自带DC 24 V内部电源,为输入端元件和扩展模块供电。

图4-2-2中上排为供电电源和输出端子。右侧从电源供电端开始,左侧为输出端子,从0.0~1.7共16个输出点,还有3个公共端子1L、2L和3L,两个空端子。

图4-2-2中下排为输入端子和内部DC 24 V输出端。右侧为内部DC 24 V输出端,左侧为输入端子,从0.0~2.7共24个输入点,还有两个公共端1M和2M。

2. 实际接线举例

以CPU226 AC/DC/RELAY的S7-200 PLC主机为例,根据表4-2-3分配好的地址表,对PLC的端子排进行接线。针对电动机的启停控制,表4-2-3中输入点用I表示,共用到3个输入点,I0.0~I0.2;输出点用Q表示,共用到3个输出点,Q0.0~Q0.2。

表 4-2-3　电动机启停控制地址分配表

输入地址	外部元件	输出地址	外部元件
I0.0	开始按钮 SB1	Q0.0	电动机运行接触器线圈 KM
I0.1	停止按钮 SB2	Q0.1	运行指示灯 HL1
I0.2	热继电器常闭触点 FR	Q0.2	停止指示灯 HL2

接线步骤分为以下三大步:

① 供电电源接线。将N和L1接到外部AC 220 V电源端,接地端可靠接地。

② 输入端接线。首先处理公共端,将所用到的输入端子的公共端1M接到DC 24 V电源输出端的L+(或M)。再将输入端子接到外部元件即按钮或者热继电器常闭触点的其中一端,外部元件的另外一端接回到M(或L+)。

③ 输出端接线。首先处理公共端,将所用到的输出端子的公共端1L接到PLC供电电源其中一端N(或L1)。再将输出端子接到外部元件即接触器线圈或者指示灯的其中一端,外部元件的另外一端接回到L1(或N)。

电动机启停控制的PLC端子接线图如图4-2-3所示。

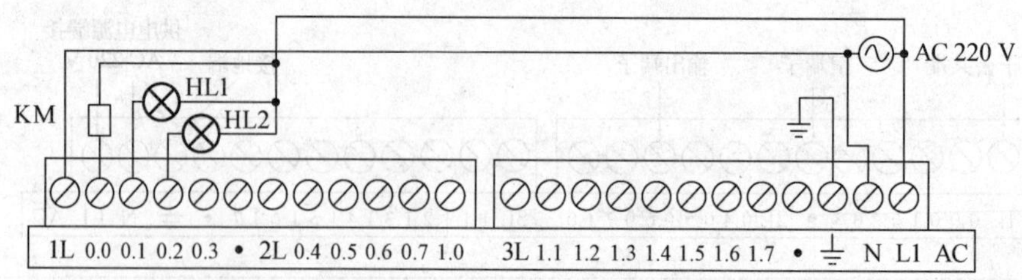

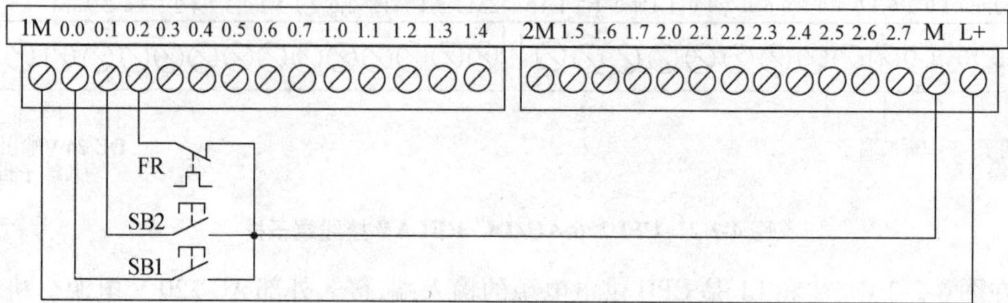

图 4-2-3 电动机启停控制的 PLC 接线图

4.2.3 S7-200 PLC 的数据类型、寻址方式和编程元件

1. 数据类型

(1) 数据存储类型

S7-200 PLC 的指令元件和 CPU 存储器中存放数据常用的数据类型有 1 位布尔型(BOOL)、8 位字节型(BYTE)、16 位符号整数(INT)、16 位无符号整数(WORD)、32 位无符号双字整数(DWORD)、32 位有符号双字整数(DINT)、32 位实数型(REAL)。不同的数据类型具有不同的数据长度和范围,不同的数据长度对应的数值范围如表 4-2-4 所示。

表 4-2-4 数据长度和范围

数据长度	无符号整数数值范围		有符号整数数值范围	
	十进制	十六进制	十进制	十六进制
8 位字节 B	0 ~ 255	0 ~ FF	-128 ~ 127	80 ~ 7F
16 位字 W	0 ~ 65535	0 ~ FFFF	-32768 ~ 32767	8000 ~ 7FFF
32 位双字 D	0 ~ 4294967295	0 ~ FFFFFFFF	-2147483647 ~ 2147483647	80000000 ~ 7FFFFFFF
32 位实数 R	$-10^{38} \sim 10^{38}$			
1 位 BOOL	数值 0 或 1			

(2) 常数的表示方法

S7-200 PLC 的许多指令中会使用常数,常数的数据长度可以是字节、字和双字。CPU 以二进制的形式存储常数,书写常数可以用二进制、十进制、十六进制、ASCII 码或实数等多种形式,书写格式如下:

十进制常数:直接书写,如 1234;十六进制:书写时前面加 16#,如 16#13AC;二进制:

书写时前面加 2#,如 2#0001 1011 1110 0001;实数(浮点数),采用科学计数法书写,如 +1.230516E-38,-1.584345E+27。常数的表示法如表 4-2-5 所示。

表 4-2-5 常数的表示方法

进制	书写格式	举例
二进制	2#二进制值	2#1010 0011 1101 0001
十进制	进制数值	1052
十六进制	16#十六进制值	16#3F7A6
ASCII 码	‘ASCII 码文本’	‘Show terminals’
浮点数(实数)	ANSI/IEEE 754—1985 标准	+1.036782E-36(整数)
		-1.036782E-36(负数)

2. 寻址方式

(1) 直接寻址

直接寻址是在指令中直接使用存储器或寄存器的元件名称和地址编号,直接到指定的区域读取或写入数据。存储器的单位可以是位(Bit)、字节(Byte)、字(Word)、双字(Double Word),那么寻址方式也可以分为位、字节、字、双字寻址。

① 位寻址格式:对于 I,Q,M,SM,S,V,L 存储器,指定格式为 A*x*.*y*。其中 A 为存储器区域名称,*x* 为字节地址,*y* 为字节内的位地址,例如,I1.2,Q0.0,M12.0,V100.1。对于定时器 T 和计数器 C,位寻址格式为 A*x*,例如,T2,T96,C5,C56。

② 字节、字和双字寻址格式:对于 I,Q,M,SM,S,V,L 存储器按字节、字、双字寻址的格式为:AT*x*。其中 A 为存储器区域名称,T 的取值分别可以是 B(字节)、W(字)、D(双字),*x* 为字节地址。如图 4-2-4 所示,VB50 表示以字节的方式存取,VW50 表示存取 VB50,VB51 组成的字(VB50 为高 8 位字节,VB51 为低 8 位字节);VD50 表示存取 VB50~VB53 组成的双字(VB50 为最高 8 位字节,VB53 为最低 8 位字节)。

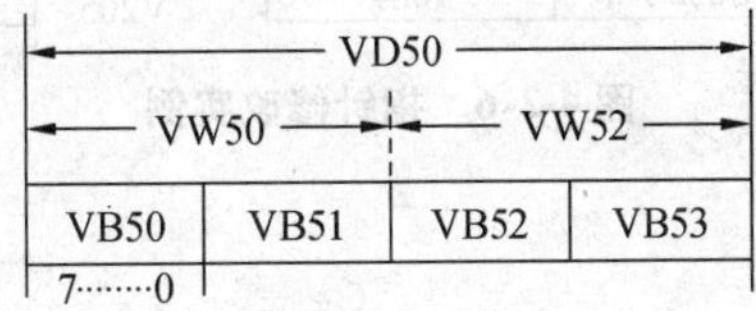

图 4-2-4 字节、字和双字寻址格式

(2) 间接寻址

S7-200 系列 PLC 的间接寻址方式是指数据存放在存储器或寄存器中,在指令中只出现所需数据所在单元的内存地址的地址。存储单元地址的地址又称为地址指针。间接寻址一般在处理内存连续地址中的数据时使用。

间接寻址时操作数并不提供直接数据位置,而是通过使用地址指针来存取存储器中的数据。在 S7-200 PLC 中允许使用指针对 I,Q,M,V,S,T(仅当前值),C(仅当前值)间接寻址。

用间接寻址方式存取数据的操作包括 3 种:建立指针、间接存取和修改指针。

① 使用间接寻址前,要先创建一个指向该位置的指针。指针为双字(32 位),存放的是另一存储器的地址,只能用 V,L 或累加器 AC 作指针。当生成指针时,要使用双字传送指令(MOVD),将数据所在单元的内存地址送入指针,双字传送指令的输入操作数是指针地址,例如,MOVD &VB200,AC1 指令就是将 VB200 的地址送入累加器 AC1 中。

② 指针建立好后,利用指针存取数据。在使用地址指针存取数据的指令中,操作数前加"＊",表示该操作数为地址指针。

例如:

```
MOVD    &VB200,AC0
MOVW    *AC0, AC1
```

存储区的地址及单元中所存的数据及其执行过程如图 4-2-5 所示。

MOVD & VB200,AC0

AC0

VW200的起始字节地址(32位)

MOVW＊AC0,AC1

AC1

未用的2字节	5678

地址	数据
V198	12
V198	34
V200	56
V201	78
V202	90
V203	87
V204	65
V205	43

图 4-2-5 间接寻址实例

③ 修改指针,下面的两条指令可以修改指针的用法,其执行过程如图 4-2-6 所示。

```
INCD    AC0
INCD    AC0
MOVW    *AC0, AC1
```

INCD AC0
INCD AC0

AC0

VW202的起始字节地址(32位)

MOVW＊AC0,AC1

AC1

未用的2字节	9087

地址	数据
V198	12
V198	34
V200	56
V201	78
V202	90
V203	87
V204	65
V205	43

图 4-2-6 指针修改实例

3. 编程元件

(1) 输入继电器 I

输入继电器又称输入映像寄存器,供用户使用的输入继电器有常开触点和常闭触点两种类型。输入继电器是 PLC 用来接收用户设备输入信号的接口。PLC 的继电器元件相对于继电器－接触器中的继电器来说其实是一种"软元件",它实际上是一种存储单元,即"软继电器"。由于输入继电器的存储单元可以无限次读取,所以在编程时有无数对常开、常闭触点可以使用。

S7－200 PLC 的输入继电器的存储单元有 16 个字节,即 IB0～IB15,系统在分配地址时以 8 位即一个字节为单位进行分配。输入继电器按位进行操作,每一位对应一个数字量的输入点。在数据存取时可采用位、字节、字或双字来存取。

(2) 输出继电器Q

输出继电器又称为输出映像寄存器,在用户程序执行后将PLC的输出信号传递给负载。在编程时既可以使用输出继电器的常开或常闭触点,也可以使用其线圈。每一个输出继电器的线圈都与PLC相应的输出点相连。输出继电器线圈的通断状态只能在程序内部用指令驱动。

S7-200 PLC输出继电器存储单元的地址分配为QB0~QB15共16个字节。系统在对输出继电器存储单元分配地址时也是以8位为单位进行分配的。输出继电器也是按位进行操作,每一位对应一个数字量的输出点。在数据存取时可采用位、字节、字或双字来存取。

(3) 内部标志位M

内部标志位M又称为中间继电器,用来存储程序运算过程中的中间操作数或其他控制信息。其作用相当于继电器-接触器控制系统中的中间继电器,在PLC中没有实际的输入/输出点与之相对应,即M不占用实际的输入/输出点,M线圈的通断状态通过程序内部的指令驱动。S7-200 PLC中M共有32个字节,可以按位、字节、字或双字为单位来存取存储区数据,编号范围为M0.0~M31.7。

(4) 变量存储器V

变量存储器的作用是存储变量。可以存放数据运算的中间运算结果或设置的参数,在进行数据处理时,经常会用到变量存储器。变量存储器可以按位、字节、字或双字为单位来存取。按位存取的范围和CPU的型号有关,CPU221/222有2 KB的存储容量,编号范围为V0.0~V2047.7,CPU224/226有5 KB的存储容量,编号范围为V0.0~V5119.7。

(5) 顺序控制继电器S

顺序控制继电器又称为状态元件,用在顺序控制和步进控制中。可以按位、字节、字或双字为单位来存取存储区数据,S7-200 PLC中S的编号范围为S0.0~S31.7。

(6) 特殊标志位存储器SM

特殊标志位存储器SM用来在CPU和用户程序之间交换信息,提供大量的状态和控制功能。特殊标志位存储器也是按照位、字节、字或双字为单位来存取,不同类型的CPU提供的SM的范围不同。常用的特殊存储器及其作用如下:

① SMB0字节,其状态在每次扫描循环结尾由S7-200 CPU更新,各个位的定义如下:

a. SM0.0表示运行监视,状态位始终为“1”。当PLC运行时可以利用其触点驱动输出继电器,在外部显示程序是否处于运行状态。

b. SM0.1表示在PLC首次扫描时为“1”,即PLC由STOP转为RUN状态时,接通(ON)一个扫描周期,通常在程序中用作初始化。

c. SM0.2表示当RAM中数据丢失时,接通(ON)一个扫描周期,用于出错处理。

d. SM0.3表示PLC上电进入RUN状态时,接通(ON)一个扫描周期。即PLC开机进入RUN状态时,接通一个扫描周期,通常用作启动设备之前,进行提前预热。

e. SM0.4为分脉冲,该位输出一个占空比为50%的分时钟脉冲,通常用作时间的基准值或简易的定时。只要PLC处于运行状态,SM0.4便连续发出周期为1 min的时钟脉冲。

f. SM0.5 为秒脉冲,该位输出一个占空比为50%的秒时钟脉冲,通常用作时间的基准值。只要 PLC 处于运行状态,SM0.5 便连续发出周期为 1 s 的时钟脉冲。若将时钟脉冲信号送入计数器作为输入信号,可起到定时器的作用。

g. SM0.6 为扫描时钟,接通(ON)一个扫描周期(高电平),断开(OFF)一个扫描周期(低电平),循环交替。

h. SM0.7 为 CPU 工作方式开关位置指示,0 为 TERM 位置,1 为 RUN 位置。状态为 1 时,自由端口通信方式有效。

② SMB1 为指令状态位字节,常用于表及数学操作,常用位的作用定义如下:

a. SM1.0 为零标志位,当运算结果为零时,该位置 1。

b. SM1.1 为溢出标志位,当运算结果溢出或查出非法数值时,该位置 1。

c. SM1.2 为负数标志位,当数学运算结果为负时,该位置 1。

d. SM1.3 为被零除标志位。

(7) 局部变量存储器 L

局部变量存储器 L 是用来存放局部变量的,其功能及用法与变量存储器 V 相似,区别在于全局变量是全局有效,即同一个变量可以被任何程序访问,而局部变量只是局部有效,即只能在某一段程序被使用。

局部变量存储器可以采用位、字节、字或双字来存取,地址编号范围为 L0.0 ~ L63.7,共 64 个字节。

(8) 定时器 T(时间继电器)

定时器 T 的作用等同于继电器 - 接触器控制系统中的时间继电器,所以有时也直接被称作时间继电器。编程时每个定时器的常开和常闭触点可无限次使用。每个定时器有一个 16 位的当前值寄存器,用于存储定时器累计的时基增量值(1 ~ 32767),另有一个状态位表示定时器的状态。若当前值寄存器累计的时基增量值不小于设定值时,定时器的状态位被置 1,该定时器的常开触点闭合。

CPU222/224/226 的定时器编号范围为 T0 ~ T225,定时精度有 3 种,分别为 1 ms、10 ms和 100 ms,CPU 不同,定时器的分辨率、定时范围也不同,用户应根据所用型号具体选择。

(9) 计数器 C

计数器用于累计计数输入端接收到的由断开到接通的脉冲个数。其有 16 位预置值和当前值寄存器各一个,以及 1 位状态位。当前值寄存器用以累计脉冲个数,计数器的当前值不小于预置值时,状态位置 1。编程时,可以无限次使用同一个计数器的常开和常闭触点。

S7 - 200 PLC 提供的计数器的编号范围为 C0 ~ C225,根据计数方式,分为 3 种类型:增计数器、减计数器和增/减计数器。

(10) 模拟量输入/输出映像寄存器 AI/AQ

S7 - 200 PLC 的模拟量输入电路是将外部输入的模拟量信号转换成 1 个字长的数字量,并将其存入模拟量输入映像寄存器区域,区域标志位为 AI。AI 的编址范围为 AIW0,AIW2,…,AIW62,起始地址定义为偶数字节地址,共有 32 个模拟量输入点。

模拟量输出电路是将模拟量输出映像寄存器区域的 1 个字长数值,转换为模拟电流或电压输出,区域标识符为 AQ。AQ 编址范围为 AQW0,AQW2,…,AQW62,起始地址定义也采用偶数字节地址,共有32个模拟量输出点。

(11) 累加器AC

累加器是用来暂存数据的寄存器,它可以用来存放运算数据、中间数据和结果。共有4个32位的累加器可使用,地址编号为AC0～AC3。累加器的长度为32位,可以采用字节、字或双字来存取。

(12) 高速计数器HC

高速计数器可以累计比CPU的扫描速度更快的事件,CPU221/222各有4个高速计数器,分别为HC0～HC3,CPU224/226各有6个高速计数器,分别是HC0～HC5。

4.3 S7-200 PLC编程软件STEP7-Micro/Win的使用

S7-200 PLC的编程软件为STEP7-Micro/WIN,双击计算机桌面上的快捷方式图标,即可打开软件。

4.3.1 编程界面

打开软件,出现STEP7-Micro/WIN编程主界面,如图4-3-1所示,界面包括菜单栏、工具栏、浏览栏、指令树窗口、程序编辑器窗口和状态栏等。

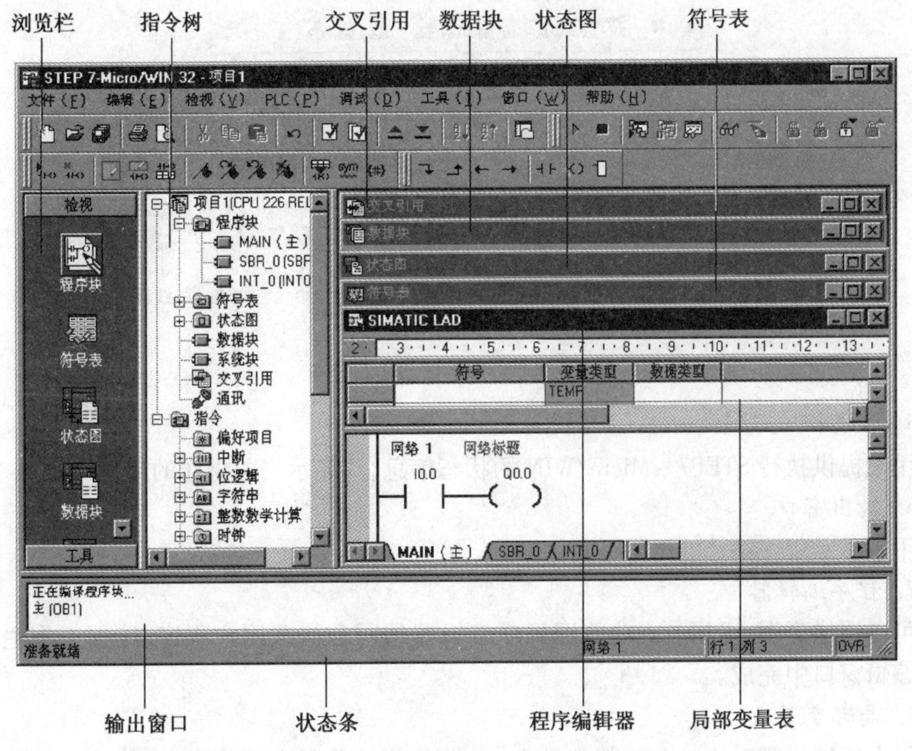

图4-3-1 STEP7-Micro/WIN编程主界面

1. 浏览栏

包括“查看”和“工具”两部分,提供了快速切换用户窗口的按钮,单击浏览栏中任一按钮,即可打开相应窗口。

2. 指令树

该栏提供了一个树形查看方式,包括项目和指令两部分。启动软件自动生成项目1,默认程序块中包括主程序、子程序和中断程序;指令部分供用户编程时选取相应的指令。

3. 菜单栏

菜单栏包括8个主菜单项:文件、编辑、查看、PLC、调试、工具、窗口和帮助。

4. 工具栏

将最常用的操作以按钮形式设定到主窗口,用户可以用鼠标点击进行访问,还可以根据需要和习惯定制工具栏的内容和外观。操作步骤:单击“查看”→“工具栏”,选中的工具栏组将出现在“工具栏”中。将光标放在工具栏对应的图标上,系统自动显示每个工具图标的作用。常用的工具图标如图4-3-2所示。

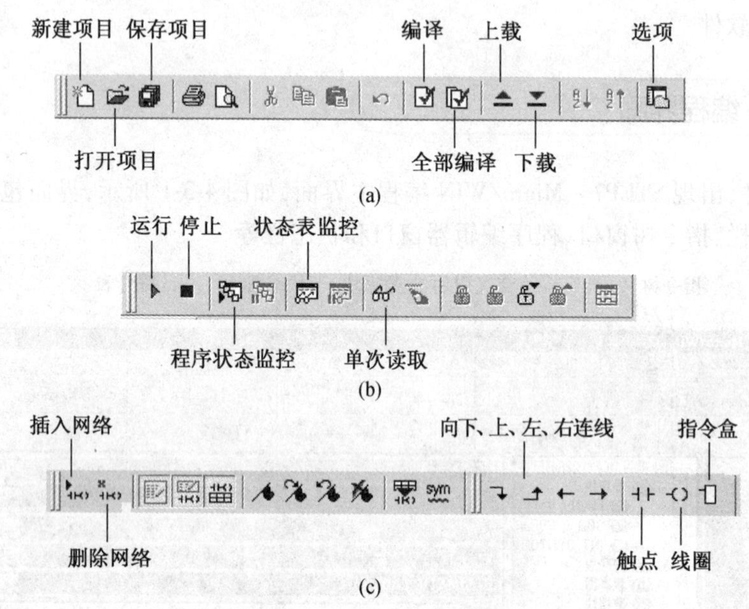

图4-3-2 工具栏常用工具图标

5. 状态栏

用来提供执行STEP7 - Micro/WIN的状态信息,并显示当前操作的信息。

6. 输出窗口

用来显示程序编译的结果信息。

7. 程序编辑器

可以用梯形图、语句表或功能图程序编辑器编写和修改用户程序,编程工作主要在程序编辑窗口中完成。

8. 局部变量表

每个程序块都对应一个局部变量表,在带参数的子程序调用中,参数的传递就是通过局部变量表进行的。

4.3.2 程序的编辑

程序文件的来源有3个:打开已有的程序文件;从PLC上载程序文件及新建一个程序文件。

(1) 打开已有的程序文件

打开磁盘中已有的程序文件,可用"文件"菜单中的"打开"命令,或单击工具栏中的"打开"按钮,选择已编辑好的程序文件。

(2) 上载程序文件

在与PLC建立通信的情况下,可以将存储在PLC中的程序和数据传送给计算机。可用"文件"菜单中的"上载"命令,或单击工具栏中的"上载"按钮,然后再单击对话框中的"上载"按钮,PLC中的程序即传送到计算机中。

(3) 新建程序文件

可以选择"文件"菜单中的"新建"选项或单击工具栏中的"打开"按钮创建一个新程序文件。新建文件有以下几个步骤:

① 确定PLC的CPU类型。鼠标右键单击指令树一栏中"项目1"→"CPU221"图标,在弹出的下拉菜单中单击,弹出如图4-3-3所示的"PLC类型"对话框,选择PLC的类型和版本;也可以用"PLC"菜单中的"类型"项选择PLC类型。若PLC与计算机之间已经建立了通信连接,单击对话框中的"读取PLC",可以通过通信读出PLC类型和CPU版本号。

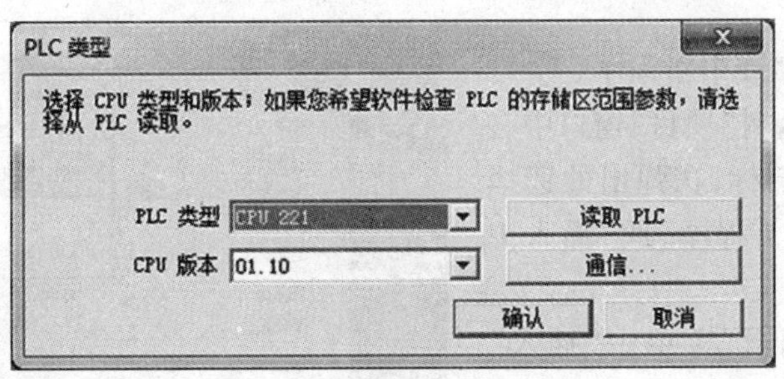

图4-3-3 "PLC类型"对话框

② 选择菜单命令"工具"→"选项",弹出相应的选项窗口。在窗口的"常规"选项中可以选择语言、默认的编辑器及编程模式等项目,如图4-3-4所示。

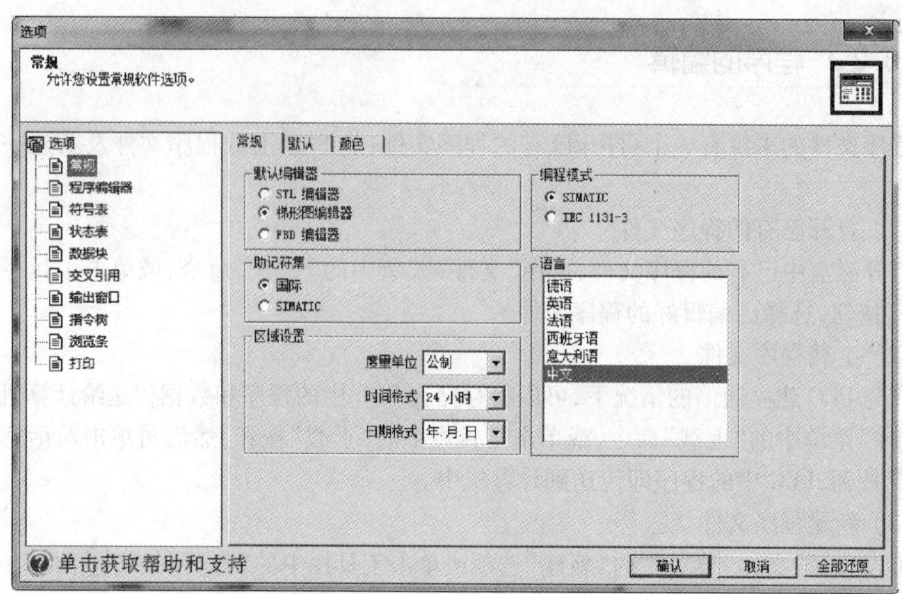

图 4-3-4 “选项”工具修改软件使用语言及默认编辑器

③ 程序更名。如果要更改程序的文件名,可单击“文件”菜单中的“另存为”选项,在弹出的对话框中键入新的文件名。程序块中主程序的名称一般使用默认名称,任何程序文件都只有一个主程序。对子程序和中断程序的更名,可在指令树窗口中右键单击需要更名的子程序或中断程序名,在弹出的下拉菜单中单击“重命名”按钮,然后键入新名称。

④ 添加子程序或中断程序。

方法1:在指令树“项目”窗口中右键单击“程序块”图标,在弹出的选择按钮中单击“插入子程序”或“插入中断程序”选项。

方法2:用“编辑”菜单中“插入”项下的“子程序”或“中断程序”来实现,如图 4-3-5 所示。

方法3:鼠标右键单击编辑窗口,在弹出的选项中选择“插入”项下的“子程序”或“中断程序”命令。新生成的子程序或中断程序会根据已有的子程序或中断程序的数目自动递增编号,用户可将其更名。

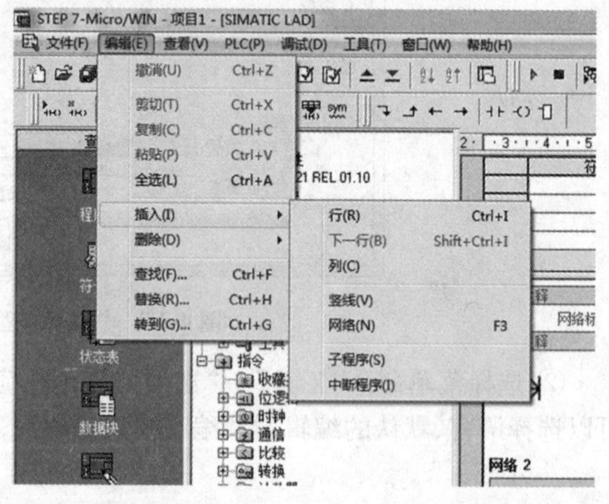

图 4-3-5 在编辑窗口添加子程序或中断程序文件

4.3.3 程序的编译和下载

程序文件编译完成后,可使用 PLC 菜单中的“编译”命令,或单击工具栏中的“编译”按钮进行离线编译。编译结束后,将在输出窗口中显示编译结果。程序只有在编译正确后才能下载到PLC中。

下载前，PLC必须处于“STOP”状态，如果不在“STOP”状态，可单击工具栏中“停止”按钮，或选择PLC菜单中的“停止”命令，如图4-3-6所示；也可将CPU模块上的方式选择开关直接扳到“STOP”位置。为了使下载的程序能正确执行，下载前也可以将PLC中存储的原程序清除；单击“PLC”菜单项中的“清除”命令，在出现的对话框中选择“清除全部”即可。

下载程序时，可使用“文件”菜单中的“下载”命令，或单击工具栏中的“下载”按钮将程序下载到PLC中。

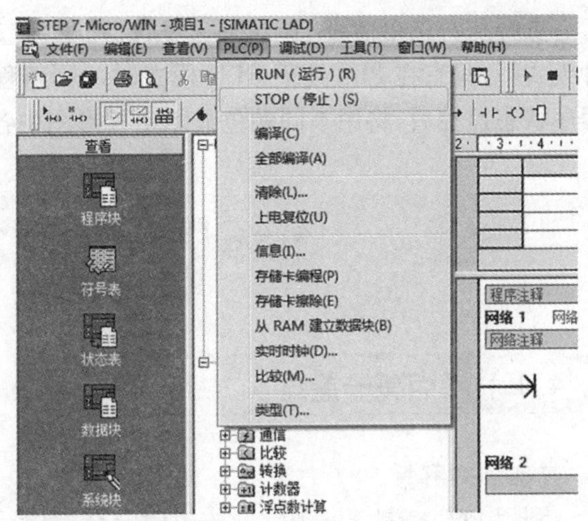

图4-3-6　停止命令的使用

4.3.4 程序的调试及监控

STEP7 – Micro/WIN编程软件允许用户在软件环境下直接调试并监控程序的运行。

1. 用状态表监控程序

STEP7 – Micro/WIN编程软件可以使用状态表来监控用户程序的执行情况，并可对编程元件进行强制操作。

使用状态表的方法有：在“浏览栏”中单击“状态表”图标，或使用“调试”菜单中的“状态表”命令就可打开状态表窗口，如图4-3-7所示。

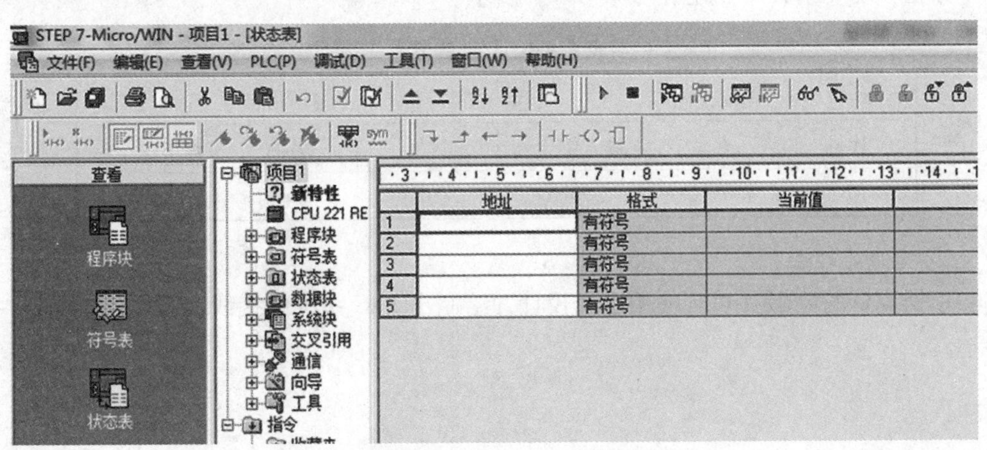

图4-3-7　“状态表”窗口

在状态表的“地址”栏中键入要监控的编程元件的直接地址（或用符号表中的符号名称），在“格式”栏中显示编程元件的数据类型，在“当前值”栏中可读出编程元件的状态和当前值。

2. 梯形图程序的状态监控

选择执行菜单命令“调试”→“开始程序状态监控”后，进入程序的监控状态。在这种模式下，只有在PLC处于RUN模式时才刷新程序段中的状态值；在RUN模式下启动程序状态监控后，将用不同颜色显示出梯形图中各元件的状态。

4.4 PLC常用指令及其练习

4.4.1 点亮一盏灯

【实训内容】

利用PLC控制器实现常开按钮闭合交流指示灯点亮及常开按钮断开交流指示灯熄灭的控制。

【实训目的】

掌握PLC常开触点、常闭触点、线圈输出软元件的使用方法。

【解决方案】

1. I/O的分配

PLC定义指出PLC是通过输入、输出接口控制各种类型的生产机械或生产过程，因此，如果利用PLC采集按钮的工作状态并根据按钮状态控制灯的亮灭，就需先分配使用的I/O接口，并设计好PLC的硬件接线图后编写控制程序实现。

根据项目要求，I/O的分配如表4-4-1所示。

表4-4-1 I/O的分配

输入信号			输出信号		
代号	名称	输入继电器	代号	名称	输出继电器
SB1	常开按钮	I0.0	HL	指示灯	Q0.0

2. 接线原理图

依据I/O的分配及PLC使用手册设计并绘制出PLC系统的接线原理图，如图4-4-1所示。

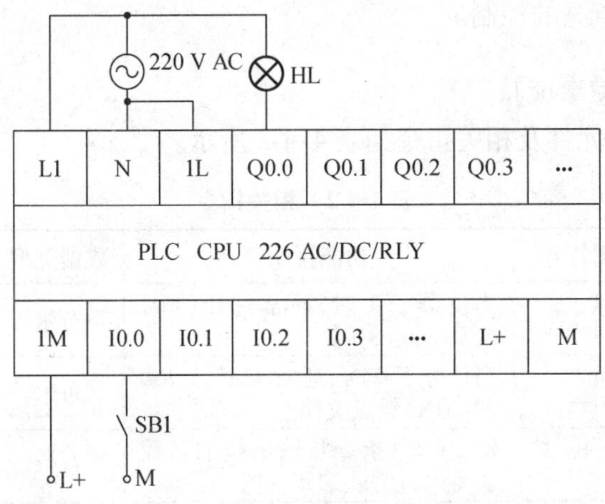

图 4-4-1　点亮灯控制项目 PLC 系统接线原理图

3. 编程方案

根据控制要求，利用 PLC 常开触点及线圈输出软元件来实现的梯形图程序如图 4-4-2 所示。

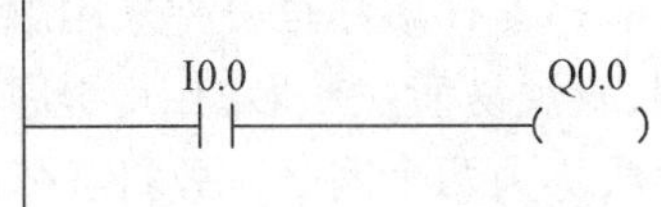

图 4-4-2　点亮灯梯形图程序

程序解读：PLC 执行梯形图程序前，输入采样，采集外部常开按钮 SB1 的状态，当使常开按钮闭合时，输入映像寄存器 I0.0 位采样值为 1，输入采样结束后执行用户程序，因映像寄存器 I0.0 值为 1，梯形图程序中的常开触点软元件闭合使得线圈输出软元件得电，即使 Q0.0 值为 1，程序运行结束后更新输出，因 Q0.0 值为 1，使得外部 Q0.0 驱动的指示灯得电，实现了当常开按钮闭合时交流指示灯点亮的控制。同样，当外部常开按钮 SB1 断开时，输入采样 I0.0 值为 0，梯形图程序中的常开触点软元件断开使得线圈输出软元件断电，从而更新输出使 Q0.0 驱动的指示灯断电，实现了常开按钮断开，交流指示灯熄灭的控制。

【拓展与思考】

本实训实现了常开按钮闭合交流指示灯点亮，常开按钮断开交流指示灯熄灭的控制。若想实现反逻辑的控制效果，即常开按钮闭合交流指示灯熄灭，常开按钮断开交流指示灯点亮的控制效果如何实现？

在不改变硬件接线的基础上，重新设计程序即可，梯形图程序如图 4-4-3 所示。

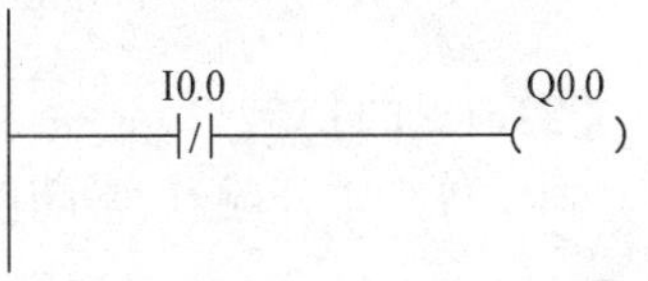

I0.0　Q0.0

图 4-4-3　反逻辑点亮灯梯形图程序

程序解读：PLC 执行梯形图程序前，同样的过程，输入采样，采集外部常开按钮 SB1 的状态，当操作常开按钮使常开按钮闭合时，输入映像寄存器 I0.0 位采样值为 1，输入采样结束后执行用户程序，因映像寄存器 I0.0 值为 1，梯形图程序中的常闭触点软元件断开使得线圈输出软元件断电，即使 Q0.0 值为 0，程序运行结束后更新输出，因 Q0.0 值为 0，使得外部 Q0.0 驱动的指示灯断电，实现了当常开按钮闭合时交流指示灯熄灭的控制。同样，当外部常开按钮 SB1 断开时，输入采样 I0.0 值为 0，梯形图程序中的常闭触点软元件闭合使线圈输出软元件得电，从而更新输出使 Q0.0 驱动的指示灯得电，实现了常开按钮断开,交流指示灯点亮的控制。

【小结及使用注意事项】

实训中涉及的软元件及相关指令如表4-4-2所示。

表4-4-2 相关指令

触点与线圈	梯形图符号	功能说明	数据类型	操作数
常开触点	bit ─┤ ├─	当位等于1时,通常打开(LD, A,O)触点关闭	布尔	I, Q, M, SM, T, C, V, S, L
常闭触点	bit ─┤/├─	当位等于0时,通常关闭(LDN, AN,ON)触点关闭	布尔	I, Q, M, SM, T, C, V, S, L
线圈输出	bit ─( )	输出(=)指令将输出位的新数值写入过程映像寄存器	布尔	I, Q, M, SM, T, C, V, S, L

使用注意事项:

(1)梯形图是一种采用触点、线圈、功能框等构成的图形语言,类似于电气控制电路图,直观易懂。梯形图中,程序被分成为网络的程序段,任何两行之间没有纵向连接的程序段称为两个网络,书写程序时,严禁将两个或多个网络输入在一个网络行里。

(2)梯形图绘制时按照从上到下,从左到右的顺序绘制,每个逻辑行开始于左母线,通常左母线与触点相连,以线圈或功能框终止,从而构成一个梯级。

(3)禁止双线圈输出。在梯形图程序中,同一组件的线圈使用两次或两次以上,称为双线圈输出,编写程序时尤其要注意禁止同一组件的线圈使用两次或两次以上。

(4)同一编程元件的触点可以多次使用。

4.4.2 启停控制灯的亮灭

【实训内容】

利用PLC控制器、启动按钮(常开)、停止按钮(常开)及交流指示灯实现按一次启动按钮之后,交流指示灯长亮,按一次停止按钮后,交流指示灯熄灭的控制。

【实训目的】

学习PLC常开触点、常闭触点、线圈输出、置位、复位指令的使用方法。

【解决方案】

1. I/O的分配

根据实训要求,I/O的分配如表4-4-3所示。

表4-4-3 I/O的分配

输入信号			输出信号		
代号	名称	输入继电器	代号	名称	输出继电器
SB1	常开按钮(启动)	I0.0	HL	指示灯	Q0.0
SB2	常开按钮(停止)	I0.1			

2. 接线原理图

依据I/O的分配及PLC使用手册设计并绘制出PLC系统的接线原理图,如图4-4-4所示。

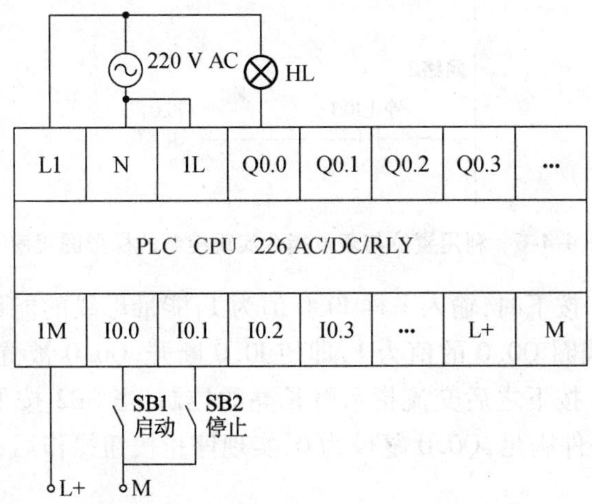

图4-4-4 启停控制灯的亮灭接线原理图

3. 编程方案

(1) 方案一:利用启保停控制实现

依据控制要求利用启保停实现的梯形图程序如图4-4-5所示。

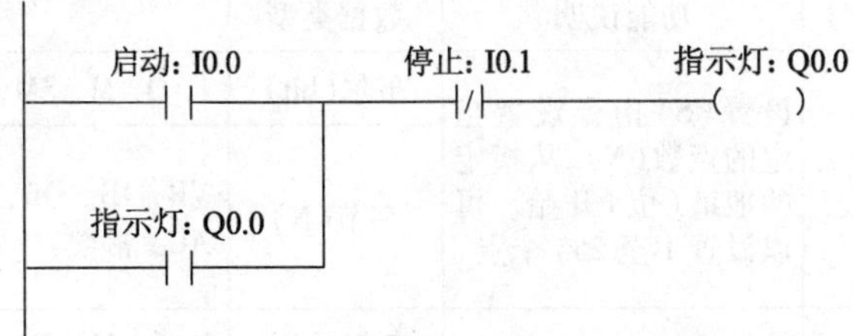

图4-4-5 启保停控制灯的梯形图程序

程序解读:PLC执行梯形图程序前,输入采样,采集外部元件的工作状态,当SB1按下、SB2未操作时,输入映像寄存器I0.0,I0.1位采样值分别为1,0,输入采样结束后执行用户程序,因映像寄存器I0.0,I0.1值分别为1,0,梯形图程序中的常开触点I0.0软元件、常闭触点I0.1软元件都闭合使得线圈输出软元件得电,即使Q0.0值为1,程序自上而下执行,因线圈输出软元件Q0.0得电,使得程序中的常开触点Q0.0也闭合,这个常开触点保持了Q0.0线圈的得电状态,实现了启动按钮SB1按下之后交流指示灯长亮的控制,即操作过一次SB1后,灯保持长亮;当按下停止按钮SB2时,输入采样I0.1采样值为1,梯形图程序中常闭触点I0.1断开,使线圈Q0.0断电,实现了停止按钮操作一次后,交流指示灯熄灭的控制。梯形图程序中I0.0的常开触点称为启动触点、I0.1的常闭触点称为停止触点,Q0.0标示的常开触点称为保持触点,这种编程方案称为启保停控制。

(2) 方案二:利用置位与复位指令实现

置位与复位指令也是线圈输出指令,当置位工作条件满足时,线圈置位为1,即使置位信号变为0之后,被置位的状态仍保持不变,只有当复位信号满足时,状态复位线圈才复位为0。利用置位与复位指令实现控制的梯形图程序如图4-4-6所示。

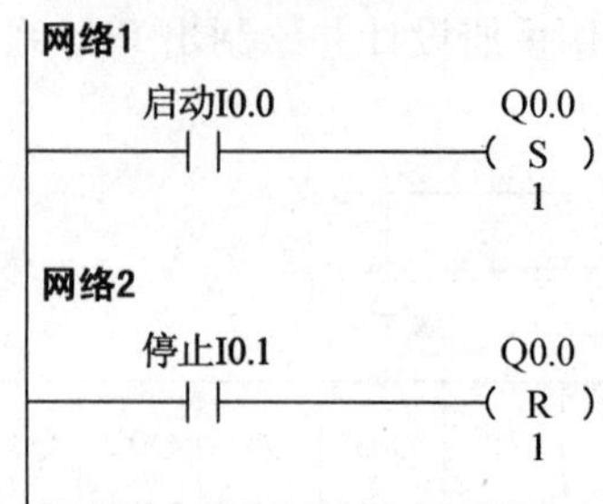

图4-4-6 利用置位与复位指令实现控制的梯形图程序

程序解读:当SB1按下时,输入采样I0.0值为1,能量母线的能量流入置位指令,即置位条件满足,使得线圈Q0.0的值为1,即使I0.0断开,Q0.0被置位的状态仍保持不变,实现启动按钮SB1按下之后交流指示灯长亮的控制;当SB2按下时,输入采样I0.1值为1,复位指令的条件满足,Q0.0复位为0,实现停止按钮操作后,交流指示灯熄灭的控制。

【实训小结】

实训中涉及的软元件及相关指令如表4-4-4所示。

表4-4-4 相关指令

指令名称	梯形图符号	功能说明	数据类型	操作数
置位指令	bit —(S) N	设置(S)指令设置指定的点数(N),从指定的地址(位)开始。可以设置1至255个点	布尔(bit)	I, Q, M, SM, T, C, V, S, L
			字节(N)	VB, IB, QB, MB, SMB, SB, LB, AC, 常数, *VD, *AC, *LD
复位指令	bit —(R) N	复原(R)指令复原指定的点数(N),从指定的地址(位)开始。可以复原1至255个点	布尔(bit)	I, Q, M, SM, T, C, V, S, L
			字节(N)	VB, IB, QB, MB, SMB, SB, LB, AC, 常数, *VD, *AC, *LD

置位指令与线圈指令的区别在于,置位指令只要置位条件符合,之后线圈就一直保持置位状态,而线圈指令则要求线圈前端一直保持接通线圈才接通(能流通,线圈通)。

4.4.3 单按钮启停灯

【实训要求】

通常启停控制(例如对某电灯或电动机的启停控制)均要设置两个控制按钮作为启动控制和停止控制。本实训只用一个常开按钮SB1,通过软件编程,实现启动与停止的控制。第一次按下SB1时,交流指示灯亮,第二次按下时指示灯灭,第三次按下时指示灯亮,如此循环往复。

【实训目的】

学习上升沿脉冲指令、内部继电器软元件的使用方法。

【解决方案】

1. I/O 的分配

根据实训要求，I/O 的分配如表 4-4-5 所示。

表 4-4-5　I/O 的分配

输入信号			输出信号		
代号	名称	输入继电器	代号	名称	输出继电器
SB1	常开按钮(启动)	I0.0	HL	指示灯	Q0.0

2. 接线原理图

因使用的输入输出与 4.4.1 节一致，PLC 系统的接线原理图同图 4-4-1。

3. 编程方案

满足控制要求的梯形图程序如图 4-4-7 所示。

图 4-4-7　单按钮启停灯控制梯形图程序

程序解读：当第一次按下按钮使 I0.0 接通时，上升沿脉冲触发指令检测到上升沿后接通一个扫描周期，使得网络 2 中的 Q0.0 输出线圈接通并保持，实现了第一次按下按钮灯亮的控制。当第二次按下按钮使 I0.0 接通时，网络 1 中上升沿脉冲触发指令检测到上升沿接通，同时又因 Q0.0 常开触点接通使得内部继电器 M1.0 线圈得电，从而使网络 2 中的 M1.0 常闭触点断开输出线圈 Q0.0 的得电通路，实现了第二次按下按钮灯灭的控制。当第三次按下该按钮时，Q0.0 再次得电启动，如此循环反复。图 4-4-8 给出了 I0.0 和 Q0.0 状态变化的工作时序图。

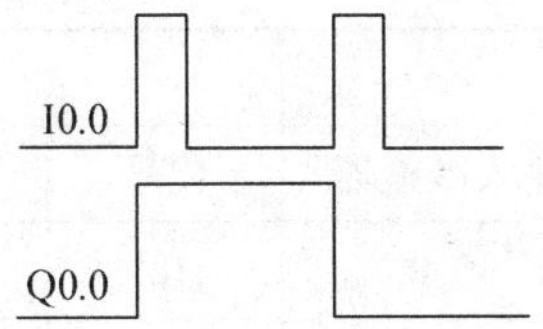

图 4-4-8　单按钮启停控制时序图

【实训小结】

实训利用上升沿脉冲触发指令来检测按钮的工作状态，上升沿脉冲指令又称正跳变触点，当正跳变触点检测到每一次正跳变（由“off”到“on”）之后，让能流接通一个扫描周期。同样也存在负跳变触点（下降沿脉冲触发指令），负跳变触点检测到每一次负跳变（由“on”到“off”）后，让能流接通一个扫描周期。这两个指令的相关说明如表4-4-6所示。

表4-4-6 边沿触发指令表

触点类型	梯形图符号	功能说明	数据类型	操作数
上升沿触发脉冲	─|P|─	正向转换（EU）触点允许一次扫描中每次执行“关闭至打开”转换时电源流动	布尔（bit）	I, Q, M, SM, T, C, V, S, L, 使能位
下降沿触发脉冲	─|N|─	负向转换（ED）触点允许一次扫描中每次执行“打开至关闭”转换时电源流动	布尔（bit）	I, Q, M, SM, T, C, V, S, L, 使能位

本实训中还用到了M标识的触点及线圈，M表示使用的是PLC内部标志位或称内部线圈，其作用相当于继电器控制系统中的中间继电器。它为中间操作状态或其他控制信息提供存储区。内部标志位存储器（M）一般以位为单位使用，但也可以字节、字、双字为单位使用。S7－200 CPU226内部标志位存储器的范围为：M（0.0－31.7）；MB（0－31）；MW（0－30）；MD（0－28）。

4.4.4 延时亮灯

【实训要求】

利用PLC控制器、常开按钮SB1控制红色、绿色指示灯，要求按下按钮后红色指示灯常亮，过3 s后绿色指示灯常亮。

【实训目的】

通过项目学习定时器指令的使用方法。

【解决方案】

1. I/O的分配

根据项目要求，I/O的分配如表4-4-7所示。

表4-4-7 I/O的分配

输入信号			输出信号		
代号	名称	输入继电器	代号	名称	输出继电器
SB1	常开按钮	I0.0	HL1	红灯	Q0.0
			HL2	绿灯	Q0.1

2. 接线原理图

依据 I/O 的分配及 PLC 使用手册设计并绘制出 PLC 系统的接线原理图，如图 4-4-9 所示。

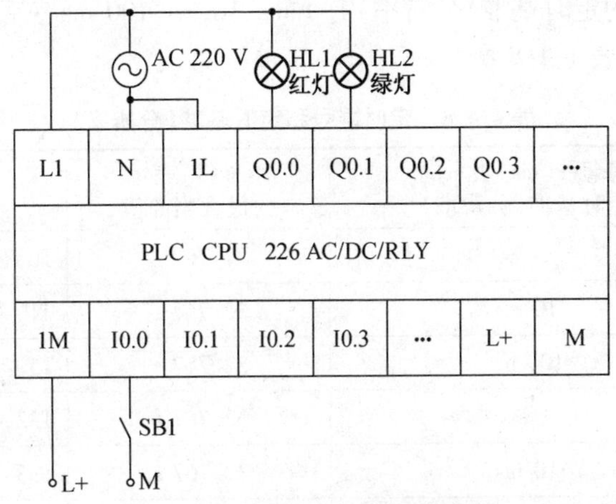

图 4-4-9　PLC 系统接线原理图

3. 编程方案

满足控制要求的梯形图程序如图 4-4-10 所示。

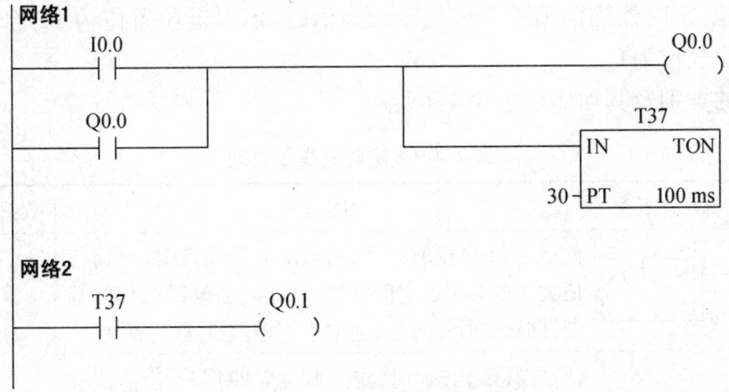

图 4-4-10　延时亮灯梯形图程序

按下按钮后红色指示灯长亮的控制在 4.4.2 节中已经介绍过，本实训重点实现按钮按下 3 s 后，绿色指示灯长亮。3 s 的时间通过接通延时定时器 TON 指令来实现，当 TON 使能输入(IN)接通时，接通延时定时器开始计时，当定时器的当前值等于或大于设定值(PT)时，该定时器的状态位被置位为 1，当达到设定时间后，TON 继续计时，一直计到最大值。当使能输入(IN)断开时，清除接通延时定时器的当前值，当前值为 0，定时器位复位为 0。

程序解读：当按下 SB1，输入采样 I0.0 值为 1，梯形图程序中的常开触点 I0.0 接通，使得 Q0.0 线圈得电并保持，实现了按下按钮红灯长亮的控制，因 Q0.0 线圈得电并保持，使得 TON 的输入(IN)接通，又定时器设定的时间是 3 s，3 s 后因定时器定时时间达到设定值，定时器位被置位为 1，网络 2 中的定时器常开触点闭合，使 Q0.1 线圈得电并保持，实现了按钮按下 3 s 后绿灯亮的控制。

【小结】

定时器指令是累计时间的软元件，除接通延时定时器（TON）指令外，还有断电延时定时器（TOF）及有记忆接通延时定时器（TONR），定时器总数有 256 个，对应定时器号为 T0～T255。定时器的定时基准（分辨率）有 1 ms，10 ms，100 ms 三种，定时器的定时基准由定时器号决定，如表 4-4-8 所示。

表 4-4-8　定时器号和定时基准（分辨率）

定时器类型	用毫秒（ms）表示的定时基准（分辨率）	用秒（s）表示的最大当前值	定时器号
TONR	1 ms	32.767 s	T0，T64
	10 ms	32.767 s	T1～T4，T65～T68
	100 ms	32.767 s	T5～T31，T69～T95
TON，TOF	1 ms	32.767 s	T32，T96
	10 ms	32.767 s	T33～T36，T97～T100
	100 ms	32.767 s	T37～T63，T101～T255

每个定时器有两个相关的变量：当前值和定时器位。

当前值（16 位符号整数）：存储定时器当前累积的时间。

定时器位：定时器当前值等于或大于设定值时，定时器位置位为 1；定时器输入端断开时定时器位复位为 0。

定时器的类别及其功能如表 4-4-9 所示。

表 4-4-9　定时器指令说明

定时器类型	梯形图符号	功能说明	数据类型及操作数
接通延时定时器	IN TON PT	使能端（IN）接通时，当前值从 0 开始计时，当当前值大于或等于设定值（PT）时，定时器位置 1，使能端断开时，定时器复位（当前值清零，定时器位置 0）	Txxx：定时器号，字型常数（T0－T255） IN：使能位，布尔 PT：定时器预设值，整数（VW，IW，QW，MW，SW，SMW，LW，AIW，T，C，AC，常数，*VD，*LD，*AC）
断开延时定时器	IN TOF PT	使能端（IN）接通时，定时器位立即打开，当前值被设为 0。使能端关闭时，定时器开始计时，直到达到预设时间。达到预设值后，定时器位关闭，当前值停止计时。如果输入关闭的时间小于预设数值，则定时器位仍保持在打开状态。TOF 指令只有遇到从“打开”至“关闭”的转换才开始计时	
保持型接通延时定时器	IN TONR PT	使能端（IN）接通时，开始计时。当前值大于或等于预设时间（PT）时，定时器位为“打开”。当使能端断开时，保持保留性延迟定时器当前值。可使用保留性接通延时定时器为多个输入“打开”阶段累计时间。使用“复原”指令（R）清除保留性延迟定时器的当前值。达到预设值后，定时器继续计时，达到最大值 32767 时，停止计时	

【拓展与思考】

在项目中增加常开按钮SB2,分配输入点I0.1,要求实现按下按钮SB2,红色指示灯灭,过3 s后绿色指示灯灭。

在硬件接线上增加输入点I0.1,外接常开按钮SB2,如图4-4-11所示,设计梯形图程序如图4-4-12所示。

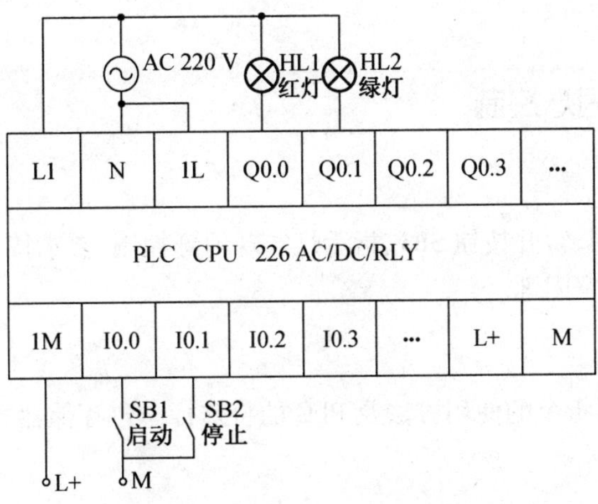

图4-4-11 延时亮灯接线原理图

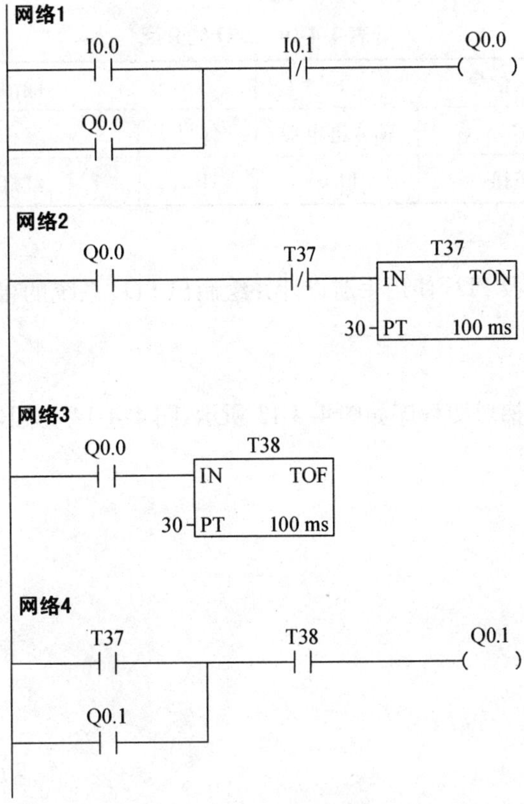

图4-4-12 延时亮灯程序梯形图

程序解读:对于红灯的控制,要求按下 I0.0 红灯长亮,按下 I0.1 红灯灭,利用启保停控制即可实现,如图 4-4-12 中网络 1 所示。对于绿灯的控制,要求红灯点亮持续 3 s 后再亮,熄灭时,也是红灯熄灭 3 s 后再熄灭。控制需要用到两个定时器,一个用于红灯亮后定时 3 s,见网络 2 中的接通延时定时器 T37,另一个用于红灯熄灭后定时 3 s,见网络 3 中的断电延时定时器 T38,绿灯的启停利用 T37,T38 的触点即可实现,如图 4-4-12 中网络 4 所示。

4.4.5 灯的闪烁控制

【实训内容】

利用 PLC 控制器、常开按钮 SB1、指示灯实现闪烁控制,要求按住按钮 SB1,指示灯按照亮 2 s,灭 1 s 的频率闪烁。

【实训目的】

巩固学习定时器指令的使用方法及 PLC 的特殊标志位存储器 SM。

【解决方案】

1. I/O 的分配

根据项目要求,I/O 的分配如表 4-4-10 所示。

表 4-4-10 I/O 的分配

输入信号			输出信号		
代号	名称	输入继电器	代号	名称	输出继电器
SB1	常开按钮	I0.0	HL1	红灯	Q0.0

2. 接线原理图

依据 I/O 的分配及 PLC 使用手册设计并绘制出 PLC 系统的接线原理图,如图 4-4-1 所示。

3. 编程方案

满足控制要求的梯形图程序如图 4-4-13 所示,图 4-4-14 为闪烁控制的时序图。

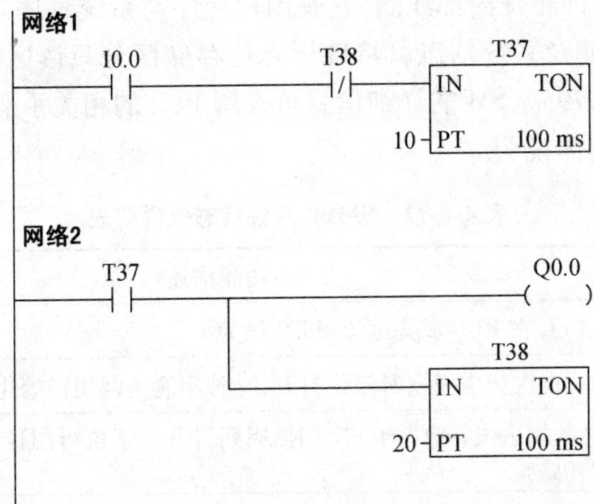

图 4-4-13　灯的闪烁控制梯形图程序

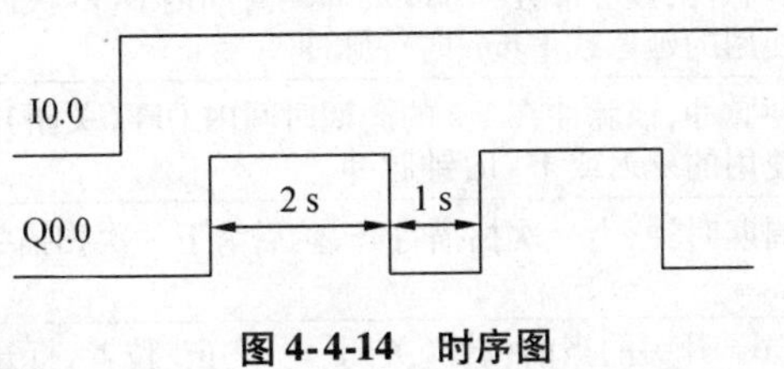

图 4-4-14　时序图

程序解读：当按住按钮 SB1，输入采样 I0.0 接通（I0.0 = 1），定时器 T37 开始计时，1 s 后 T37 接通（T37 = 1）使输出信号 Q0.0 激励，同时定时器 T38 开始计时；2 s 后，T37 复位（T37 = 0），Q0.0 失励，定时器 T38 也复位；一个亮灭周期后，定时器 T37 又开始计时，重复上述过程。使输出线圈 Q0.0 每隔 1 s，持续接通 2 s 的时间。若要改变闪烁频率，则更改定时器的定时设定值即可。

【小结】

本实训主要巩固对定时器指令的理解与使用。

【拓展与思考】

更改程序，使指示灯的闪烁频率为亮 0.5 s，灭 0.5 s。

方案一：修改图 4-4-13 所示的梯形图程序中的 T37，T38 定时设定值，即将 PT 值改为 5。

方案二：使用 PLC 内部特殊线圈实现，其梯形图程序如图 4-4-15 所示。

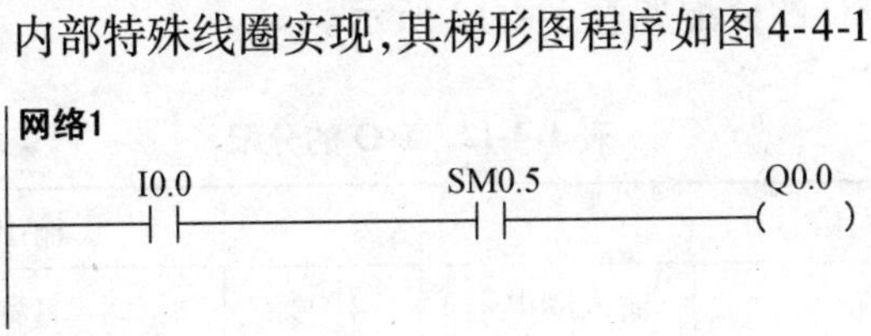

网络1

I0.0　SM0.5　Q0.0

图 4-4-15　梯形图程序

SM0.5 是 PLC 内部的秒脉冲特殊线圈，它是占空比为 50%，周期为 1 s 的脉冲波形。

特殊标志位(SM)即特殊内部线圈,它是用户程序与系统程序之间的界面,为用户提供一些特殊的控制功能及系统信息。特殊标志位存储区分只读区域(SM0～SM29)和可读写区域(SM30～SM179)。SM的详细信息可查阅PLC的相关手册获取,表4-4-11给出SMB0系统状态位的具体说明。

表4-4-11 SMB0系统状态位说明表

名称	功能描述
SM0.0	RUN监控,PLC在RUN状态时,SM0.0恒为1
SM0.1	初始化脉冲,首次扫描周期时该位打开,一种用途是调用初始化子程序
SM0.2	如果保留性数据丢失,该位为一次扫描周期打开。该位可用作错误内存位或激活特殊启动顺序的机制
SM0.3	从电源开启条件进入RUN(运行)模式时,该位为一次扫描周期打开。该位可用于在启动操作之前提供机器预热时间
SM0.4	该位提供时钟脉冲,该脉冲在1 min的周期时间内OFF(关闭)30 s,ON(打开)30 s。该位提供便于使用的延迟或1 min时钟脉冲
SM0.5	该位提供时钟脉冲,该脉冲在1 s的周期时间内OFF(关闭)0.5 s,ON(打开)0.5 s。该位提供便于使用的延迟或1 s时钟脉冲
SM0.6	该位是扫描周期时钟,为一次扫描打开,然后为下一次扫描关闭。该位可用作扫描计数器输入
SM0.7	该位表示“模式”开关的当前位置(关闭 =“终止”位置,打开 =“运行”位置)。开关位于RUN(运行)位置时,可以使用该位启用自由口模式,可使用转换至“终止”位置的方法重新启用带PC/编程设备的正常通讯

4.4.6 计数器实现的高精度时钟

【实训内容】

利用秒脉冲特殊存储器SM0.5及计数器指令实现高精度时钟。

【实训目的】

通过实训掌握计数器指令的使用方法,并学会使用实时状态监控功能调试程序。

【解决方案】

1. I/O的分配

根据实训要求,I/O的分配如表4-4-12所示。

表4-4-12 I/O的分配

输入信号			输出信号		
代号	名称	输入继电器	代号	名称	输出继电器
SB1	常开按钮	I0.0			
SB2	常开按钮	I0.1			

2. 接线原理图

依据 I/O 的分配及 PLC 使用手册设计并绘制出 PLC 系统的接线原理图，如图 4-4-16 所示。

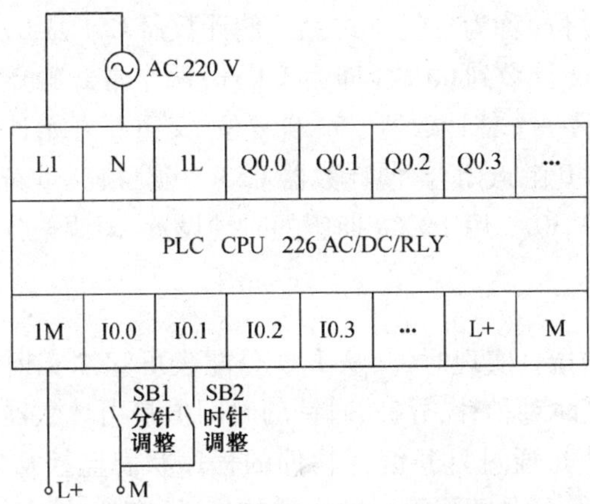

图 4-4-16　时钟控制接线原理图

3. 编程方案

满足控制要求的梯形图程序如图 4-4-17 所示。

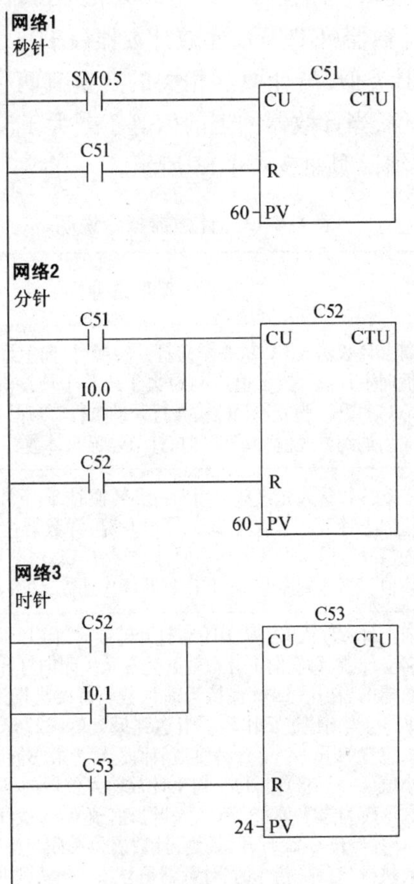

图 4-4-17　时钟控制梯形图程序

程序解读：秒脉冲特殊存储器 SM0.5 作为秒发生器，用作计数器 C51 的计数脉冲输入信号，当计数器 C51 的计数累计值达设定值 60 次（即为 1 min）时计数器位置“1”，即 C51 的常开触点闭合，该信号将作为计数器 C52 的计数脉冲信号；计数器 C51 的另一常开触点使计数器 C51 复位（称为自复位式）后，使计数器 C51 从 0 开始重新计数。

相似地，计数器 C52 计数到 60 次（即为 1 h）时两个常开触点闭合，一个作为计数器 C53 的计数脉冲信号，另一个使计数器 C52 自复位，又重新开始计数；计数器 C53 计数到 24 次（即为 1 天）时，常开触点闭合，使计数器 C53 自复位，又重新开始计数，从而实现时钟功能。输入信号 I0.1，I0.2 用于建立期望的时钟设置，即调整分针、时针。

【实训小结】

本实训通过计数器指令实现时钟，从 I/O 分配表可知本实训中未使用输出点，从程序解读内容可得高精度时钟秒针、分针、时针的时间值是由计数器模拟的，程序运行过程中高精度时钟的时间值是通过打开编程软件的程序状态监控从电脑显示屏上获知的。开启程序状态监控，梯形图中显示所有操作数的值，所有这些操作数状态都是 PLC 在扫描周期完成时的结果。

计数器指令用于累计其输入端脉冲电平由低到高的次数，在实际应用中常用来对产品进行计数或完成复杂的逻辑控制任务。S7－200 系列 PLC 的普通计数器有三种类型：递增计数器（CTU）、增减计数器（CTUD）、递减计数器（CTD），计数器总数有 256 个，对应编号 C0～C255。同定时器类似，与计数器相关的变量有两个：当前值，存储累计脉冲数（16 位符号整数）；计数器位，当计数器的当前值等于或大于设定值时，计数器位置 1。

三种普通计数器的详细说明如表 4-4-13 所示。

表 4-4-13　计数器指令说明

定时器类型	梯形图符号	功能说明	数据类型及操作数
递增计数器 CTU	CU CTU R PV	当向上计数输入 CU 从关闭向打开转换时，向上计数（CTU）指令从当前值向上计数。当前值（Cxxx）大于或等于预设值（PV）时，计数器位（Cxxx）打开。当复原（R）输入打开或执行“复原”指令时，计数器被复原。当达到最大值（32767）时，计数器停止计数	Cxxx：计数器号，字型常数（T0～T255） CU，CD，LD，R：位，能流 PV：计数器预设值，整数（VW，IW，QW，MW，LW，SMW，AC，T，C，AIW，常数，*VD，*AC，*LD，SW）
递减计数器 CTD	CU CTD LD PV	当向下计数输入光盘从关闭向打开转换时，向下计数（CTD）指令从当前值向下计数。当前值 Cxxx 等于 0 时，计数器位（Cxxx）打开。载入输入（LD）打开时，计数器复原计数器位（Cxxx）并用预设值（PV）载入当前值。当达到零时，向下计数器停止计数，计数器位 Cxxx 打开	
增减计数（CTUD）	CU CTUD CD R PV	当向上计数输入 CU 从关闭向打开转换时，向上/向下计时（CTUD）指令向上计数，每次向下计数输入光盘从关闭向打开转换时，向下计数。计数器的当前值 Cxxx 保持当前计数。每次执行计数器指令时，预设值 PV 与当前值进行比较。当达到最大值（32767）时，位于向上计数输入位置的下一个上升沿使当前值返转为最小值（－32768）。在达到最小值（－32768）时，位于向下计数输入位置的下一个上升沿使当前计数返转为最大值（32767）。当当前值 Cxxx 大于或等于预设值 PV 时，计数器位 Cxxx 打开，否则，计数器位关闭。当“复原”（R）输入打开或执行“复原”指令时，计数器被复原。当达到 PV 时，CTUD 计数器停止计数	

【拓展与思考】

利用计数器指令实现一个按钮控制一个灯，要求按两次按钮灯亮，再按 3 次按钮灯灭，如此循环往复。

硬件接线同图 4-4-1，梯形图程序见图 4-4-18。

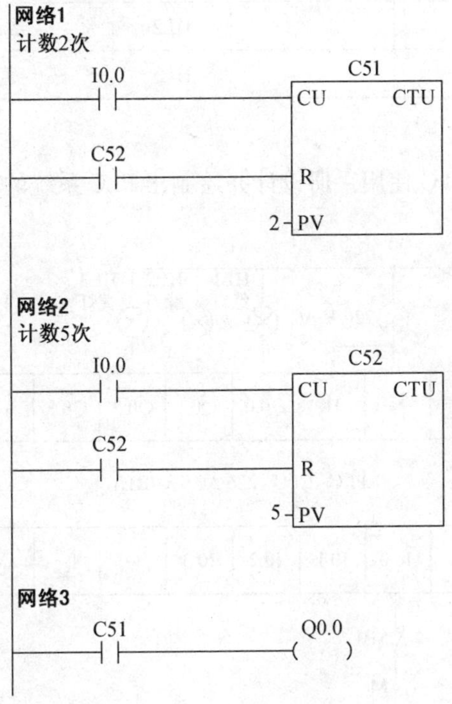

图 4-4-18　主程序

4.4.7　三个灯的顺序控制

【实训内容】

根据舞台灯光效果的要求，顺序控制红、绿、黄三色灯。要求：按下启动按钮（常开按钮）后红灯先亮，2 s 后绿灯亮，再过 3 s 后黄灯亮。待红、绿、黄灯全亮 6 s 后，全部熄灭。

【实训目的】

掌握顺序控制程序的编程方法，重点掌握顺序控制继电器（SCR）指令的使用方法。

【解决方案】

1. I/O 的分配

根据实训要求，I/O 的分配如表 4-4-14 所示。

表 4-4-14　I/O 的分配

输入信号			输出信号		
代号	名称	输入继电器	代号	名称	输出继电器
SB1	常开按钮	I0.0	HL1	红灯	Q0.0
			HL2	绿灯	Q0.1
			HL3	黄灯	Q0.2

2. 接线原理图

依据I/O的分配及PLC使用手册设计并绘制出PLC系统的接线原理图,如图4-4-19所示。

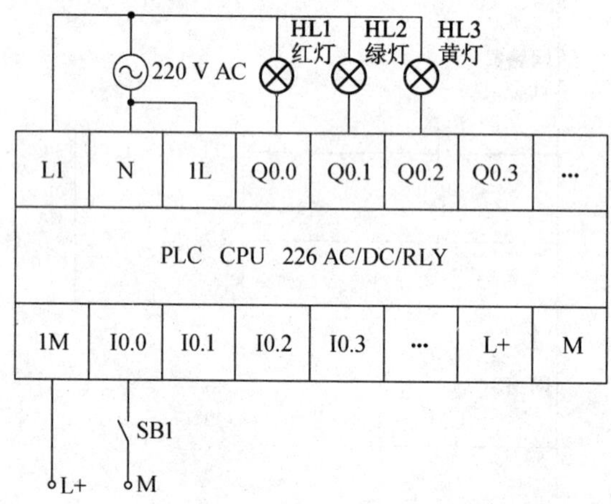

图 4-4-19　接线原理图

3. 编程方案

(1) 方案一:利用顺序控制继电器(SCR)指令实现顺序控制

顺序控制继电器(SCR)指令是基于工艺流程的编程方法,它依据被控对象的各个顺序步进行编程,将控制程序进行逻辑分段,实现步序控制。

图4-4-20所示为用SCR指令编写的梯形图程序。

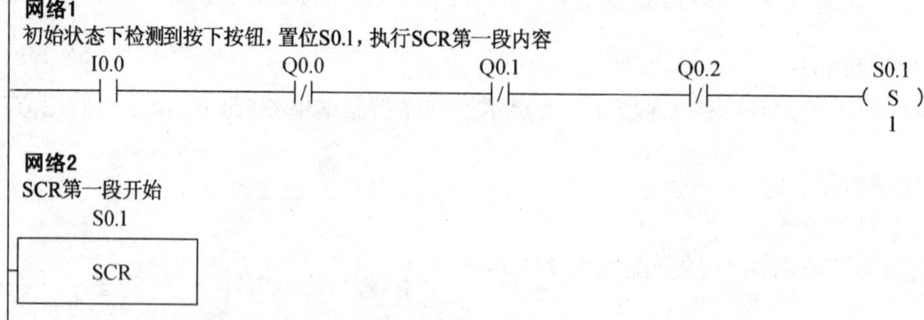

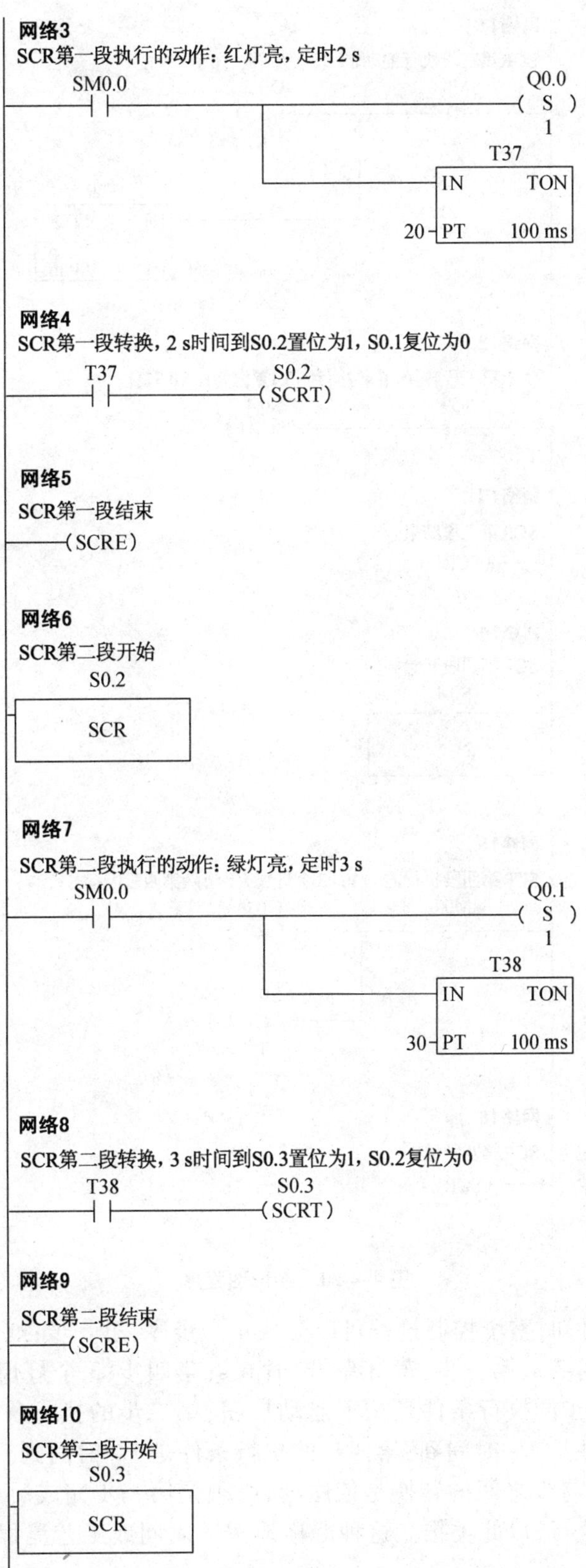
网络3
SCR第一段执行的动作：红灯亮，定时2 s
SM0.0
Q0.0
S
1
T37
IN
TON
20
PT
100 ms
网络4
SCR第一段转换，2 s时间到S0.2置位为1，S0.1复位为0
T37
S0.2
SCRT
网络5
SCR第一段结束
SCRE
网络6
SCR第二段开始
S0.2
SCR
网络7
SCR第二段执行的动作：绿灯亮，定时3 s
SM0.0
Q0.1
S
1
T38
IN
TON
30
PT
100 ms
网络8
SCR第二段转换，3 s时间到S0.3置位为1，S0.2复位为0
T38
S0.3
SCRT
网络9
SCR第二段结束
SCRE
网络10
SCR第三段开始
S0.3
SCR

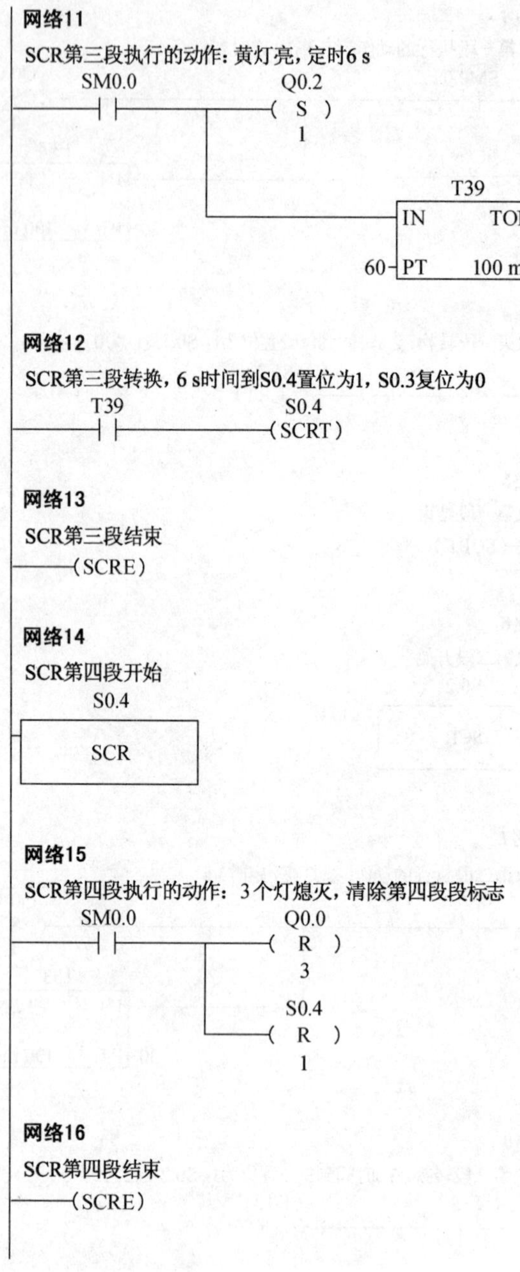

图 4-4-20 梯形图程序

由控制要求可知，整个控制过程可以分成4个步序，第一步：红灯亮，定时2 s；第二步：绿灯亮，定时3 s；第三步：黄灯亮，定时6 s；第四步：3个灯熄灭。每一步的执行条件清晰，第一步的执行条件是按下启动按钮；第二步的执行条件是2 s时间到；第三步的执行条件是3 s时间到；第四步的执行条件是6 s时间到。每一步完成的任务也是固定的，步与步之间的转换是依序的，必须是第一步完成后第二步执行，第二步执行后第三步执行，以此类推。这种严格地按照时间或工艺流程的步序控制称为顺序控制。

SCR 指令包括 LSCR(程序段的开始)、SCRT(程序段的转换)、SCRE(程序段的结束)指令。LSCR 指令标记一个顺序控制继电器(SCR)段的开始,SCR 段必须以 LSCR 指令开始并由 SCRE 指令结束。从 LSCR 开始到 SCRE 结束的所有指令组成一个 SCR 程序段。一个 SCR 程序段对应顺序功能图中的一个顺序步。每一个 SCR 程序段使用一个顺序控制继电器存储器 S 标记该段是否工作,若该段的 S 标记状态为 1,则允许该 SCR 段工作。

LSCR(Load Sequential Control Relay)指令称为装载顺序控制继电器指令,它标记一个顺序控制继电器(SCR)程序段的开始。LSCR 指令把 S 位(例如 S0.1)的值装载到 SCR 堆栈和逻辑堆栈栈顶。SCR 堆栈的值决定该 SCR 段是否执行。当 SCR 程序段的 S 位置 1 时,允许该 SCR 程序段工作。

SCRT(Sequential Control Relay Transition)指令称为顺序控制继电器转换指令,它执行 SCR 程序段的转换,SCRT 指令有两个功能,一方面使当前激活的 SCR 程序段的 S 位复位,以使该 SCR 程序段停止工作;另一方面使下一个将要执行的 SCR 程序段 S 位置位,以便下一个 SCR 程序段工作。

SCRE(Sequential Control:Relay End)指令称为顺序控制继电器结束指令,它表示一个 SCR 程序段的结束,它使程序退出一个激活的 SCR 程序段,SCR 程序段必须由 SCRE 指令结束。

每一个 SCR 程序段中均包含以下 3 个要素:

① 输出对象:在这一步序中应完成的动作。

② 转换条件:满足转换条件后,实现 SCR 段的转换。

③ 转换目标:转换到下一个步序。

程序解读:根据以上分析及 SCR 指令的介绍,实现实训要求的控制程序需使用四个 SCR 段,使用 S0.1 ~ S0.4 四个 S 位分别对应四个 SCR 段。详细的程序解读如图 4-4-20 中网络注释所示。

SCR 指令使用过程中需注意以下事项:

① 同一地址的 S 位不可用于不同的程序分区。例如,不可把 S0.5 同时用于主程序和子程序中。

② 在 SCR 段内不能使用 JMP,LBL,FOR,NEXT,END 指令,可以在 SCR 段外使用 JMP,LBL,FOR,NEXT 指令。

(2) 方案二:利用启保停方式实现顺序控制

启保停控制在梯形图程序设计中应用广泛,其工作原理是当启动输入信号接通后则输出信号的线圈得电,并自保持,输出信号线圈断电需通过停止输入信号来实现。图 4-4-21 所示为利用启保停方式实现的梯形图程序。

网络1

第一步的启保停

在初始化状态下检测到启动按钮按下后使第一步步号M0.1为1，下一步步号M0.2停止当前步

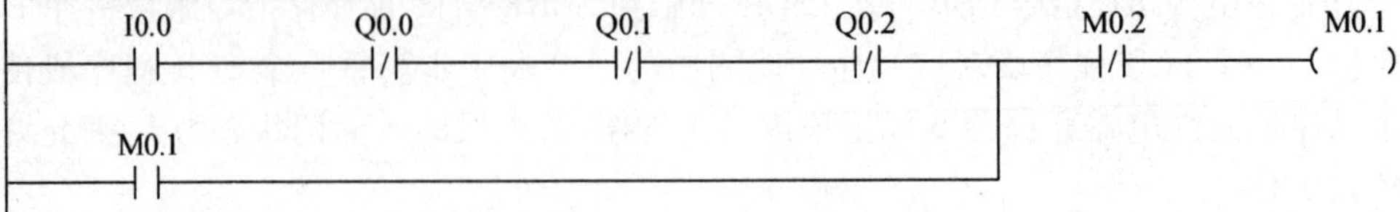

I0.0 Q0.0 Q0.1 Q0.2 M0.2 M0.1

M0.1

网络2

第一步的任务：点亮红灯，定时2 s

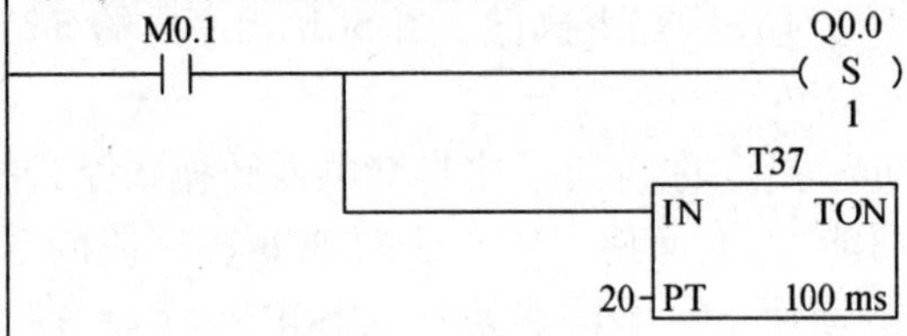

M0.1 Q0.0 S 1

T37 IN TON

20 PT 100 ms

网络3

第二步启保停

在第一步为活动步的前提下检测到2 s时间到后启动第二步

M0.1 T37 M0.3 M0.2

M0.2

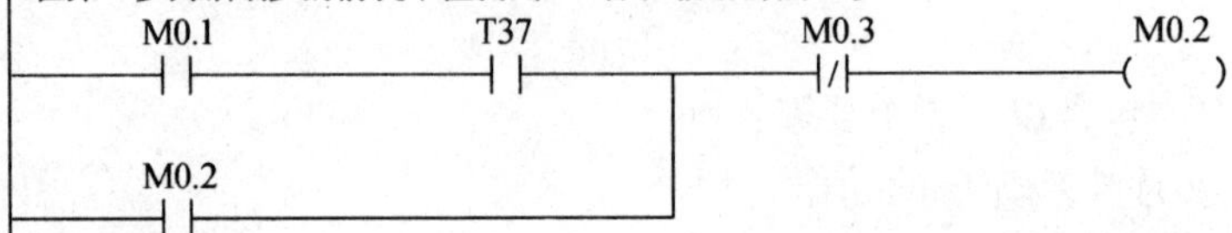

网络4

第二步的任务：点亮绿灯，定时3 s

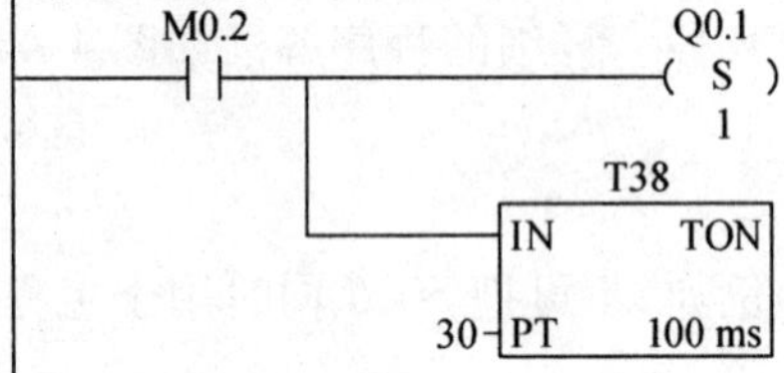

M0.2 Q0.1 S 1

T38 IN TON

30 PT 100 ms

网络5

第三步启保停

在第二步为活动步的前提下检测到3 s时间到后启动第二步

M0.2 T38 M0.4 M0.3

M0.3

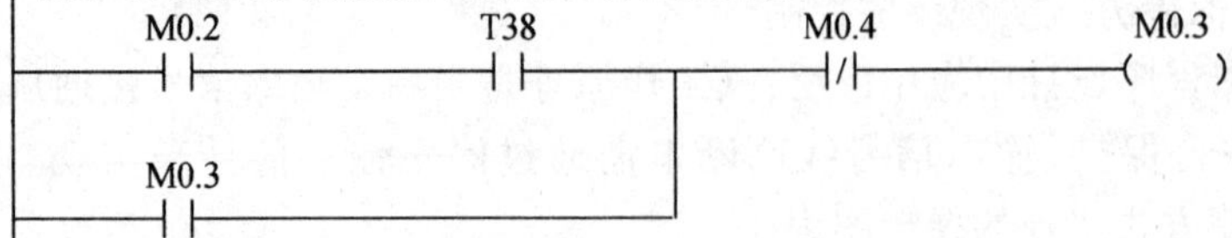

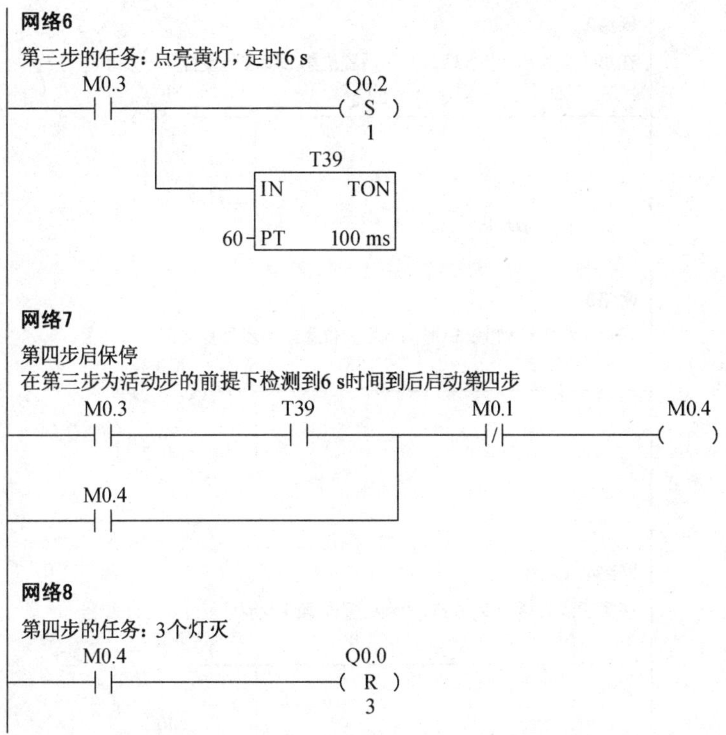

图 4-4-21　利用启保停方式实现的梯形图程序

程序解读：在启保停方式实现顺序控制的梯形图程序中，使用了 M0.1 ~ M0.4 四个内部标志位作为步号。网络 1 中在初始状态下检测到启动按钮按下后启动第一步步号 M0.1，即使 M0.1 得电并保持，下一步步号 M0.2 停止当前步，网络 2 中当第一步步号为 1 时，执行第一步任务，点亮红灯，定时 2 s。网络 3 中是第二步步号 M0.2 的启保停网络，它的启动条件是在第一步为活动步且定时 2 s 时间到后启动并保持，下一步步号 M0.3 停止本步，网络 4 则是第二步为活动步时的工作任务，点亮绿灯，定时 3 s，后面的程序解读同前两步，可参见图 4-4-21 所示程序中每个网络的网络注释。

（3）方案三：利用置复位指令方式实现顺序控制

使用置复位指令实现顺序控制的方式又称为以转换为中心的编写方法，图 4-4-22 所示为以转换为中心编写的梯形图程序。

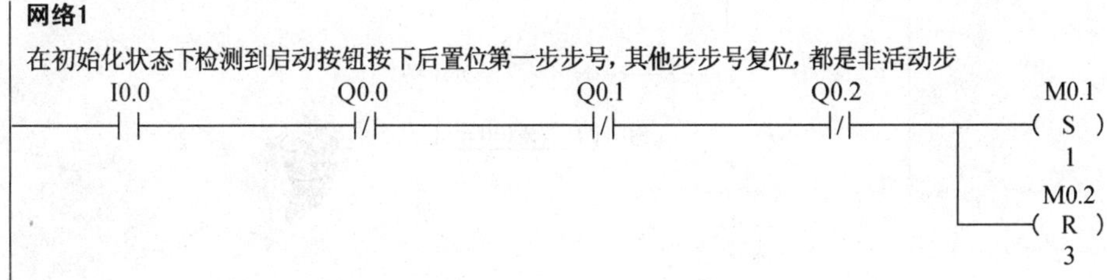

网络2

在第一步为活动步，2 s时间到后置位第二步步号复位第一步步号

M0.1 T37 M0.2 (S) 1

M0.1 (R) 1

网络3

在第二步为活动步，3 s时间到后置位第三步步号复位第二步步号

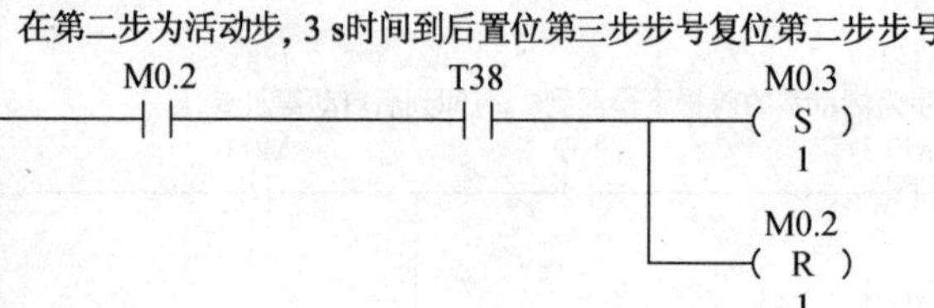

网络4

在第三步为活动步，6 s时间到后置位第四步步号复位第三步步号

M0.3 T39 M0.4 (S) 1

M0.3 (R) 1

网络5

第一步的任务：点亮红灯，定时2 s

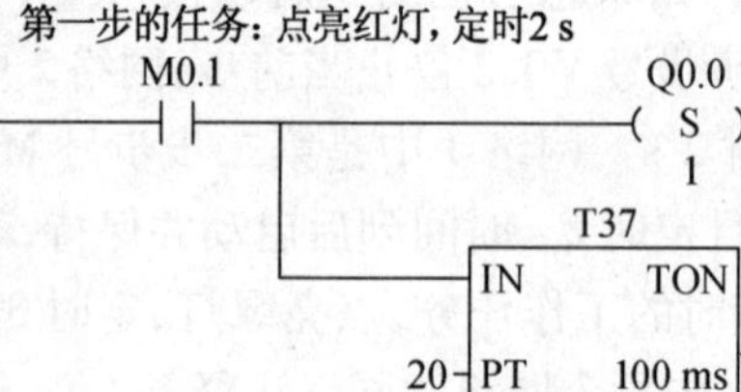

网络6

第二步的任务：点亮绿灯，定时3 s

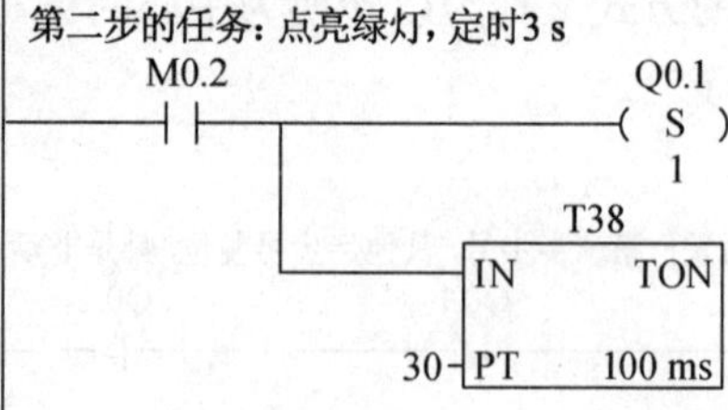

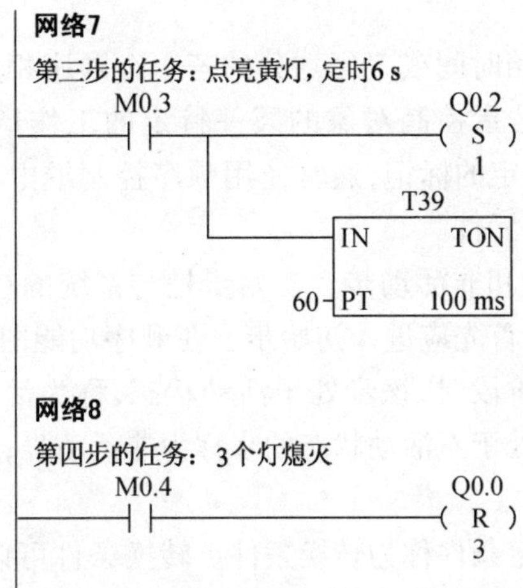

图 4-4-22　以转换为中心编写的梯形图程序

程序解读：同启保停方式控制类似，程序中同样使用 M0.1 ~ M0.4 四个内部标志位作为四个步号。网络 1 在初始化状态下检测到启动按钮按下后置位第一步步号，其他步步号复位，都是非活动步。网络 2 实现第一步向第二步转换，转换的前提是满足转换条件。这类似于接力跑比赛，拿着接力棒的就是活动步，当接力棒传给下一个人时，下一个选手就称为活动步，而传接力棒给他的人则称为非活动步。因此，网络 2 中在第二步步号置 1 的同时要清除第一步的步号。具体的程序解读可参见图 4-4-22 中每个网络的网络注释。

【实训小结】

本实训的重点是顺序控制。所谓顺序控制，就是按照生产工艺预先规定的顺序，在各个输入信号的作用下，根据内部状态和时间的顺序，各个执行机构在生产过程中自动有序地进行操作。在工业控制中存在着大量的按照固定的顺序进行动作的顺序控制，对于顺序控制的编程，常根据顺序控制的流程绘制出如图 4-4-23 所示的顺序功能图，并以顺序功能图作为编写程序的依据。在顺序功能图中，需掌握顺序控制中的三大要素。

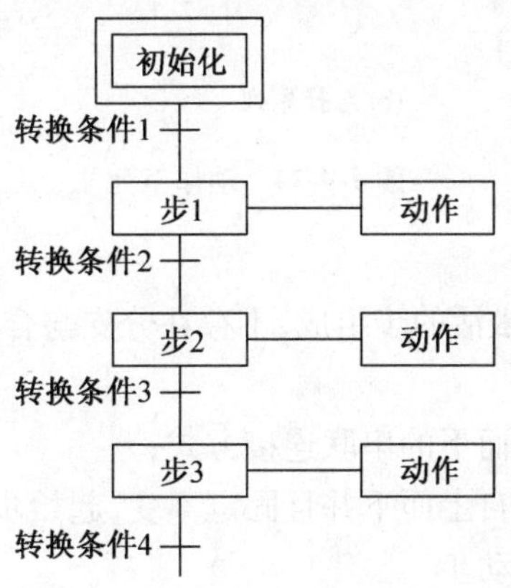

图 4-4-23　顺序功能图

(1) 步

系统的工作周期中按照时间或工序划分的若干个顺序相连的阶段称为“步”。在顺序控制中步又称为状态,是指控制对象的某一特定的工作情况。为区分不同的步,在PLC中,需对每一步赋予一定的标记,通常使用顺序控制继电器S或内部标志继电器M来表示,这一标记称为状态元件。

步分为初始步、活动步和非活动步。初始步是与系统的初始状态相对应的步,系统在开始进行自动控制之前,首先应进入初始步。在顺序功能图中,初始步用双线框表示。当系统处于某一步所在的阶段时,该步处于活动状态,称为活动步;步处于活动状态时,相应步的动作才会执行。处于不活动状态的步称为非活动步,其相应的动作不被执行。

(2) 转换条件

步与步之间转换的特定条件称为转换条件。转换条件可以是外部的输入信号,如按钮、限位开关的接通、断开等;也可以是PLC内部产生的信号,如定时器、计数器的触点等;还可以是若干个信号的与、或、非逻辑组合。不同步之间的转换条件可以不同,也可以相同。在顺序功能图中,转换条件通过与有向连线垂直的短横线进行标记,并在短横线旁标上相应的控制信号。

(3) 动作

每一步所要完成的操作称为动作。

本实训中3种编程方案其核心均是顺序功能图。实训实现的控制现象是单序列的,即顺序功能图中一个转换仅有一个前步和一个后步。在实际应用中,除存在单序列结构的顺序控制之外,还存在选择系列、并行系列的结构,如图4-4-24所示。

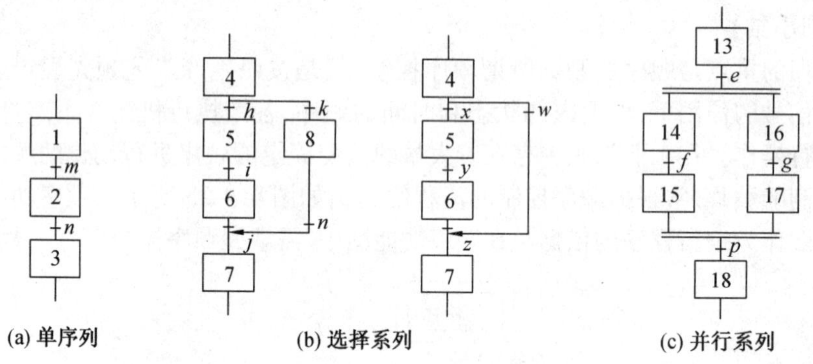

(a) 单序列　(b) 选择系列　(c) 并行系列

图4-4-24 动作系列

(1) 单序列

单序列是由一系列顺序激活的步组成,不存在分支与合并,如图4-4-24a所示。单序列结构具备如下特点:

① 步与步之间采用自上而下的串联连接方式;

② 步的转换方向始终是自上而下并且固定不变,起始步与结束步除外;

③ 通常只有一个步为活动步。

(2) 选择系列

选择系列又称为多分支系列,如图4-4-24b所示,选择系列的转换条件要写在分支线以内,每次只允许选择一个分支,选择系列的结束称为合并,转换条件必须在合并线以内。

(3) 并行系列

并行系列是指某一转换条件实现几个系列同时激活,用双水平线表示同步激活,如图4-4-24c所示。同时激活的转换条件只能有一个,并且同时激活的几个系列中活动步的进展是独立的。并行系列用来表示系统的几个同时工作的独立部分的工作情况。

第5章 三相异步电动机的PLC控制

5.1 三相异步电动机点动与连动的启停控制

【实训目的】

(1) 掌握PLC在电气控制中的应用。

(2) 学会用PLC控制三相异步电动机的点动与连动运转。

【实训要求】

用PLC取代继电接触器控制中的控制回路，利用PLC的输出点直接控制接触器来实现对三相异步电机的点动与连动的控制。具体要求如下：

1. 点动

按下点动按钮SB1(常开按钮)时电动机转动，松开点动按钮SB1时电动机停止运转。

2. 连动

连动即持续运转，按下启动按钮SB2(常开按钮)时电动机转动，松开启动按钮后电动机依然保持转动，按下停止按钮SB3(常开按钮)，电动机停止运转。

3. 指示灯

电动机转动时绿色指示灯HL1亮，电动机停转时红色指示灯HL2亮。

【实训原理】

1. I/O的分配

依据控制要求，需使用PLC的4个输入点和3个输出点，I/O的分配如表5-1-1所示。

表5-1-1 I/O的分配

输入信号			输出信号		
代号	名称	输入继电器	代号	名称	输出继电器
SB1	点动按钮(常开)	I0.0	KM	交流接触器线包	Q0.0
SB2	启动按钮(常开)	I0.1	HL1	绿色指示灯	Q0.1
SB3	停止按钮(常开)	I0.2	HL2	红色指示灯	Q0.2
FR	热继电器动断触点	I0.3			

2. 电气接线图

图5-1-1所示为PLC控制三相异步电动机点动与连动的主回路接线图,图5-1-2为PLC控制三相异步电动机点动与连动的控制回路接线图。

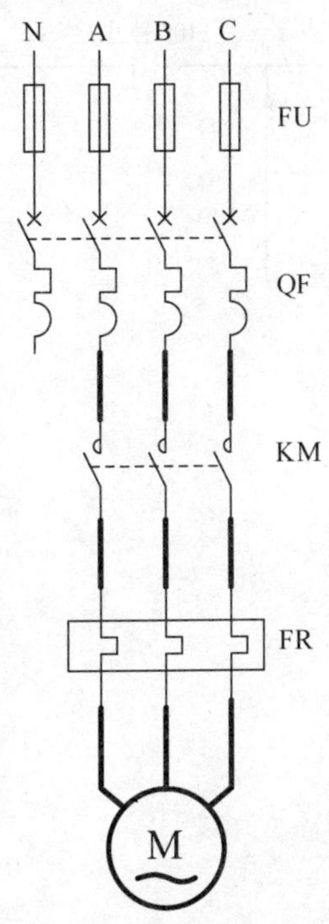

图5-1-1　三相异步电动机点动与连动的主回路接线图

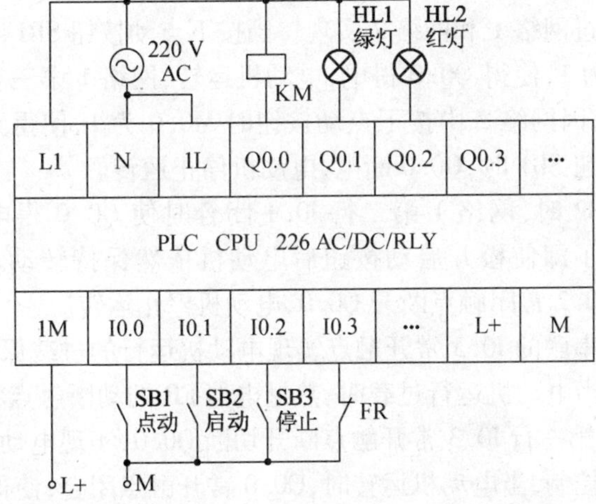

图5-1-2　三相异步电动机点动与连动PLC控制电路接线图

3. 梯形图程序

三相异步电动机点动与连动 PLC 控制梯形图程序如图 5-1-3 所示。

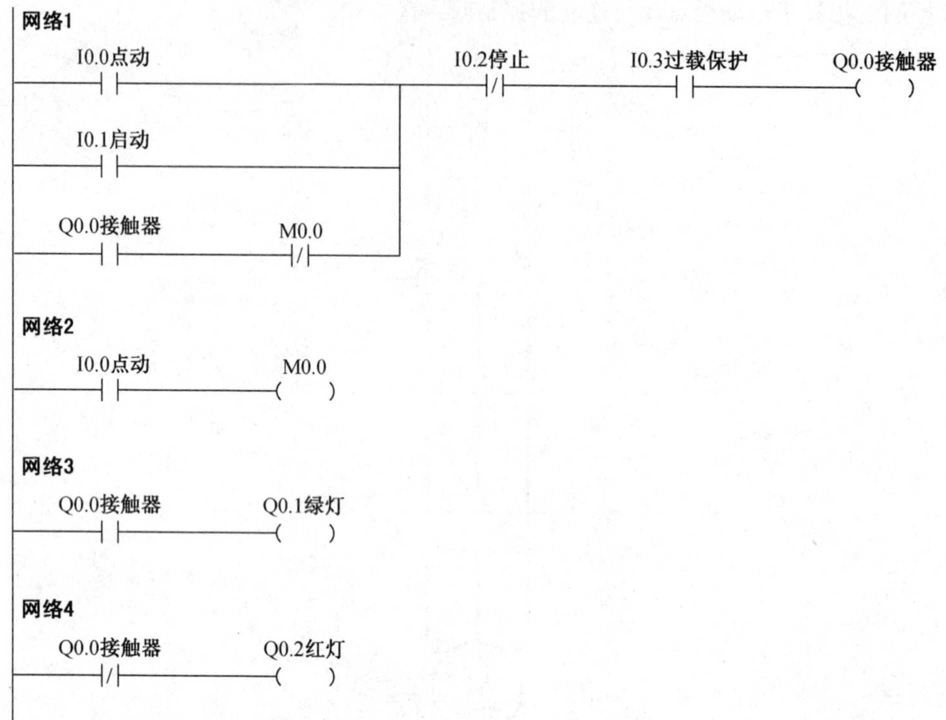

图 5-1-3 三相异步电动机点动与连动 PLC 控制梯形图程序

程序解读：

点动运行控制通过网络 1 和网络 2 实现。当按下点动按钮 SB1，输入采样 I0.0 为 1，又因 I0.2 为 0，I0.3 为 1，使得 Q0.0 得电，电动机运转，网络 1 第三行 Q0.0 的保持回路串接 M0.0 常闭触点，因网络 2 中按下点动按钮时 M0.0 为 1，使得 Q0.0 的自锁回路断开，因此，松开点动按钮 SB1 时，Q0.0 断电，电动机停止运转。

按下启动按钮 SB2 时，网络 1 第二行 I0.1 闭合时使 Q0.0 得电，网络 1 第三行使 Q0.0 保持得电，实现了即使松开启动按钮后电动机依然保持转动，按下停止按钮 SB3 时，网络 1 第一行的 I0.2 常闭触点断开 Q0.0，电动机停止运转。

网络 1 第一行中串联的 I0.3 常开触点实现电动机运行的过载保护，因电动机主回路中串接热继电器 FR，当电动机运行过载时，热继电器 FR 的动断触点将断开，使得 I0.3 输入采样值为 0，网络 1 第一行 I0.3 常开触点断开切断 Q0.0，实现电动机运行的过载保护。

网络 3 为绿灯的控制，当电动机运转时，Q0.0 常开触点闭合，使得绿色指示灯亮。同理可理解网络 4 红灯控制网络的工作原理。

【操作步骤】

(1) 按图 5-1-1 所示连接三相异步电动机点动与连动的主回路。

主回路 A，B，C 三相电从实验设备一次动力电源处获取。主电路 A，B，C 三相电从实训设备一次动力电源处获取。一次动力电源板输出黄、绿、红端子与 1#交流接触器主回路触点上桩头黄、绿、红端子分别连接；1#交流接触器主回路触点下桩头黄、绿、红端子与1#热继电器的热元件上桩头黄、绿、红端子分别连接；1#热继电器热元件下桩头黄、绿、红端子分别与三相异步电动机定子绕组的D1，D3，D5连接；三相异步电动机电机端子按三角形接法处理，即电动机端子D1，D6短接，D2，D3短接，D4，D5短接，动力主回路电源连接完成。

(2) 按图5-1-2所示连接三相异步电动机点动与连动PLC控制电路接线图。

PLC控制电路的接线根据图5-1-2所示按照先接PLC供电电源，再接PLC输入点，最后接PLC输出点的步骤进行。

(3) 检查接线是否有错误。

(4) 按照控制要求编写梯形图程序。

(5) 下载程序。

确认接线无误的情况下，合上实训台总电源后，确认PLC的供电电源，观察PLC的工作情况，PLC工作正常后下载程序。

(6) 调试程序。

设置PLC程序状态为运行状态，此时PLC上RUN灯亮。电动机运行指示灯红灯亮，程序初始状态电动机为停止运转状态，按住点动按钮，红灯灭，绿灯亮，交流接触器线包得电吸合；断开点动按钮，红灯亮，绿灯灭，交流接触器线包失电断开；按下启动按钮，红灯灭，绿灯亮，交流接触器线包得电吸合，松开启动按钮，现象仍然是红灯灭，绿灯亮，交流接触器线包得电吸合；按下停止按钮，红灯亮，绿灯灭，交流接触器线包失电断开。观察到这些现象后说明控制电路及PLC控制程序编写无误。此时，合一次动力电源板上四极自动开关，重复上述调试过程，直到电动机按控制要求运转。

【注意事项】

(1) 接通实训台电源前务必检查接线无误。

(2) PLC程序下载前确认PLC的供电电源已接到二次操作电源面板上的A，N接线端子。

(3) 调试时要先调试控制电路及程序，控制现象正确后再接通主电路的三相电，以调试主电路的工作。

【拓展与思考】

本实训给出的例程，若同时按下启动和停止按钮，电动机将停止运转，实现的是停止优先控制。无论点动按钮或启动按钮是否按下，只要按下停止按钮，则Q0.0必断电。思考如何实现启动优先控制，即无论停止按钮是否按下，只要按下启动按钮，则Q0.0得电。

5.2 三相异步电动机正转、反转的PLC控制

【实训目的】

(1) 掌握三相异步电动机可逆运转的工作原理。

（2）掌握三相异步电动机可逆运转互锁保护的方法。

【实训要求】

用PLC取代继电接触器控制中的控制回路，利用PLC实现三相异步电机的正转、反转控制。具体要求如下：

1. 正转控制

按下正转启动按钮SB1（常开按钮）时电动机正转并保持，绿色指示灯HL2亮；按下停止按钮SB3（常开按钮）时电动机停止运转，红色指示灯HL1亮。

2. 反转控制

按下反转启动按钮SB2（常开按钮）时电动机反转并保持，黄色指示灯HL3亮；按下停止按钮SB3（常开按钮）时电动机停止运转，红色指示灯HL1亮。

3. 指示灯

电动机停止运转时红色指示灯HL1亮；电动机正转时绿色指示灯HL2亮；电动机反转时黄色指示灯HL3亮。

【实训原理】

1. 三相异步电动机可逆运行的工作原理

三相异步电动机的转向由电动机绕组的工作相序决定，在三相异步电动机的电气控制主回路中使用两个交流接触器KM1，KM2，当KM1闭合、KM2断开时，电动机绕组供电相序为A，B，C，假设此时电动机为正转；反转的实现只需KM1断开、KM2闭合，KM2交换了两相相序，使电动机绕组的供电相序变化，从而使电动机的转向也发生变化。在电动机正、反转控制中，两组交流接触器的触点严禁同时闭合，一旦同时闭合，电源就会发生短路故障。例如，在电动机由正转切换到反转工作状态时，必须先断开KM1，并且确定KM1可靠断开后才能闭合KM2；同样，在电动机由反转工作状态切换到正转工作状态时，也应先断开KM2，并确定KM2断开后再闭合KM1。这种保护称为互锁保护，可以通过在KM1线圈控制回路中串接KM2的辅助常闭触点，在KM2线圈控制回路中串接KM1的辅助常闭触点实现。

2. I/O的分配

依据控制要求，需使用PLC的4个输入点和5个输出点，I/O的分配如表5-2-1所示。

表5-2-1　I/O的分配

输入信号			输出信号		
代号	名称	输入继电器	代号	名称	输出继电器
SB1	正转启动（常开）	I0.0	KM1	1#交流接触器线包	Q0.0
SB2	反转启动（常开）	I0.1	KM2	2#交流接触器线包	Q0.1
SB3	停止按钮（常开）	I0.2	HL1	红色指示灯	Q0.2
FR	热继电器动断触点	I0.3	HL2	绿色指示灯	Q0.3
			HL3	黄色指示灯	Q0.4

3. 电气接线图

图 5-2-1 所示为三相异步电动机正转、反转控制的主回路接线图,图 5-2-2 所示为三相异步电动机正转、反转控制的回路接线图。

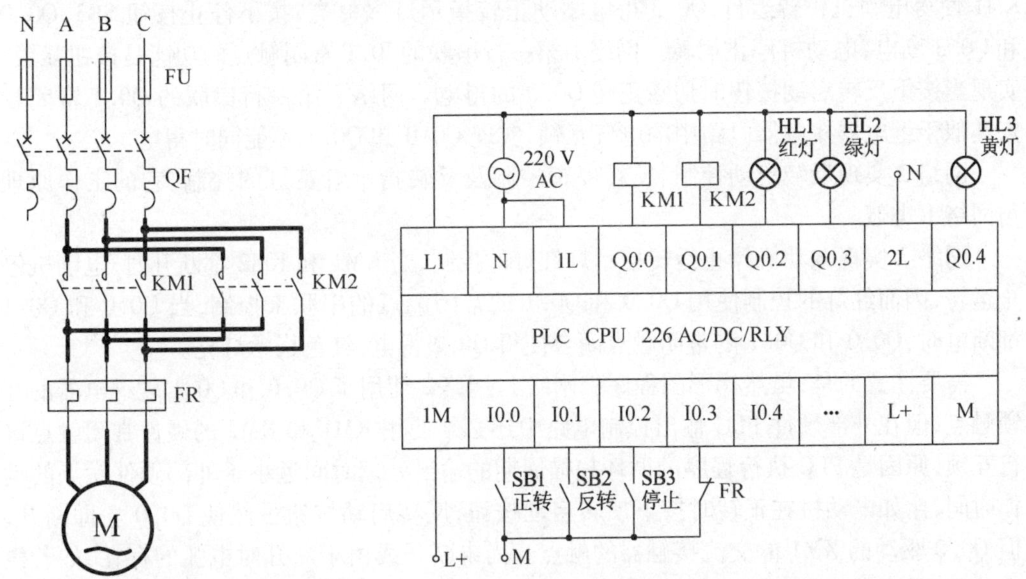

图 5-2-1 三相异步电动机正转、反转控制的主回路接线图

图 5-2-2 三相异步电动机正转、反转控制的电路接线图

4. 梯形图程序

实现三相异步电动机正转、反转的 PLC 控制的方案有如下 2 种。

(1) 方案一

梯形图程序如图 5-2-3 所示。

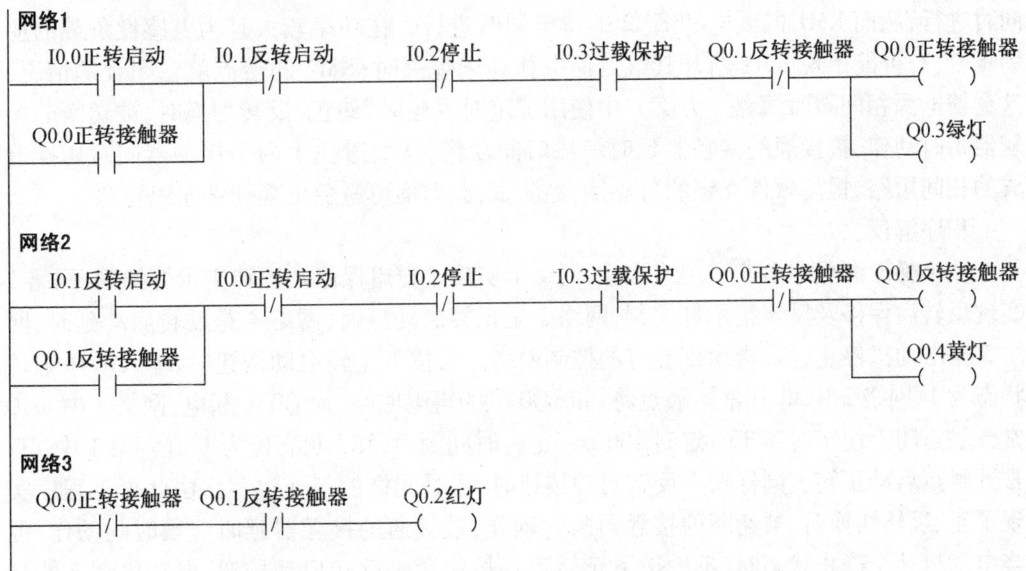

图 5-2-3 三相异步电动机正转、反转控制方案一梯形图程序

程序解读：

在梯形图中，网络1实现正转启动控制、正转停车控制及正转指示灯绿灯的控制。按下正转启动按钮SB1，I0.0接通使Q0.0，Q0.3得电并保持，Q0.0驱动交流接触器线包KM1使得电动机正转运行，Q0.3得电驱动正转指示灯绿灯亮；按下停止按钮SB3，Q0.0和Q0.3断电，电动机停止运转。网络1第一行串联的I0.1常闭触点的功能是按钮互锁，实现当按下反转启动按钮时切断正转Q0.0的得电。网络1第一行串联的Q0.1常闭触点类似于继电器接触器电路中的电气互锁，实现Q0.0和Q0.1不能同时得电。

网络2实现反转启动控制、反转停车控制及反转指示灯黄灯的控制，它的工作原理与网络1类似。

网络3实现电动机停止运转指示灯红灯的控制，当KM1和KM2都断开时，电动机停止运转，因而红灯的控制使用Q0.0和Q0.1的常闭触点的串联来控制，当Q0.0和Q0.1都断电时，Q0.0和Q0.1的常闭触点闭合使得Q0.2得电，红色指示灯亮。

需要注意的是，虽然梯形图程序中网络1、网络2使用了Q0.0和Q0.1软继电器的互锁触点，但在外部硬件PLC输出控制电路中还必须使用KM1和KM2的硬件常闭触点进行互锁，原因是PLC执行程序的循环扫描周期的输出处理时间远小于外部硬件触点的动作时间，比如电动机在正转时按下反转启动按钮，反转启动按钮虽然使Q0.0立即断开，但Q0.0驱动的KM1的交流接触器的触点却尚未断开或由于断开时电弧的存在，如若没有外部硬件互锁，因反转启动按钮操作后也立即使Q0.1得电，使KM2的触点接通，从而引起主电路的短路。因此为避免接触器KM1和KM2的主触点同时闭合引起主电路的短路，必须采用软硬件双重互锁，以提高控制系统的可靠性。

（2）方案二

梯形图程序如图5-2-4所示。

PLC采用周期性循环扫描的工作方式，在一个扫描周期中，输出刷新集中进行，即所有输出点的状态变换同时进行。当电动机由正转切换到反转时，Q0.0断电和Q0.1得电同时进行，从而KM1的断电和KM2的得电同时进行。在功率较大且为电感性负载的应用场合，有可能出现KM1断开其触点但电弧尚未熄灭时，KM2的触点就已闭合的情况，这会使电源相间瞬时短路。方案二中使用了定时器延时，使正、反转切换时，被切断的接触器瞬时动作，被接通的接触器延时一段时间动作，从而避免了两个接触器同时切换造成的相间短路，提高软件互锁的可靠性，经测试，此方案可避免出现硬件互锁问题。

程序解读：

整个梯形图程序由5个网络构成，网络1实现正转启保停及正转指示灯控制，网络2实现反转启保停及反转指示灯控制，网络3是正转启动延时，网络4是反转启动延时，网络5是电动机停止运转指示灯红灯的控制网络。当按下正转启动按钮时，输入采样I0.0状态为1，网络2中I0.0常闭触点将切断Q0.1的得电回路，使Q0.1断电，网络3中I0.0常开触点闭合使定时器T37定时200 ms，定时时间到后，T37状态位为1，在网络1中T37常开触点启动正转。同样按下反转启动按钮时，也是同样的工作过程。由此可见程序实现了正、反转切换时，被切断的接触器瞬时动作，被接通的接触器延时一段时间动作，但当电动机处于静止状态时，不论按下正转启动按钮还是反转启动按钮，电动机都不能马上启动运行，需要延时后才能启动。这是方案二的弊端。网络3正转启动延时保持回路使用了M0.0常开触点和Q0.0常闭触点的串联，Q0.0常闭触点的使用实现了当电动机处于正转运转状态时，操作正转启动按钮网络3将不会正转启动延时，从而网络1也不会再次启动正转。

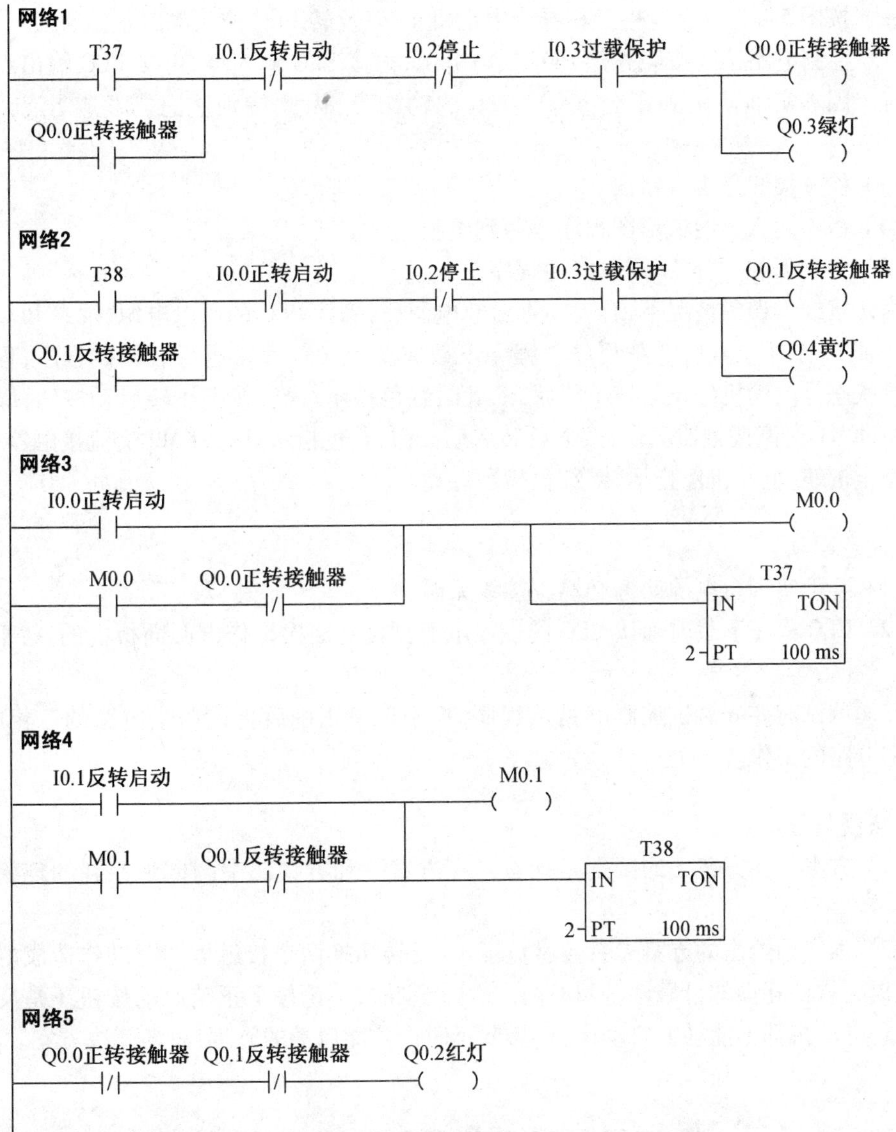

图5-2-4 三相异步电动机正转、反转控制方案二梯形图程序

【操作步骤】

(1) 按图5-2-1所示连接三相异步电动机正转、反转控制的主回路。

主回路A,B,C三相电从实训设备一次动力电源处获取。一次动力电源输出黄、绿、红端子处引线出来与1#交流接触器主回路触点上桩头黄、绿、红端子相接；1#交流接触器主回路触点下桩头黄、绿、红端子引线与热继电器板1#热继电器主接点上桩头黄、绿、红端子分别连接；1#热继电器主接点下桩头黄、绿、红端子分别与电动机端子D1,D3,D5连接,三相异步电动机端子按三角形接法处理,D1,D6 短接,D2,D3 短接,D4,D5 短接;2#交流接触器主回路触点上桩头黄、绿、红端子与一次动力电源板输出黄、绿、红端子分别连接,2#交流接触器主回路触点下桩头绿、黄、红端子分别与1#交流接触器主回路触点下桩头黄、绿、红端子相连。动力主回路电源连接完成。

(2) 按图 5-2-2 所示连接三相异步电动机正转、反转 PLC 控制电路。

PLC 控制电路接线按照先接 PLC 供电电源,再接 PLC 输入点,再接 PLC 输出点的步骤进行。因本实训使用到了公共端为 2L 的输出点,因此特别注意需将输出点 2L 接到 N。

(3) 检查接线是否有错误。

(4) 将不同方案的梯形图程序编写到电脑。

(5) 分别下载、调试不同方案的程序。

确认接线无误的情况下,合上实训台总电源后,确认 PLC 的供电电源,观察 PLC 的工作情况,PLC 工作正常后下载程序。程序下载成功后设置程序运行后调试程序,程序初始运行状态是电动机停止运转工作状态,此时红色指示灯亮;按下正转启动按钮,绿色指示灯亮,KM1 交流接触器动作;按下反转启动按钮,黄色指示灯亮,KM2 交流接触器动作;按下停止按钮,电动机停止运转,红色指示灯亮。

【注意事项】

(1) 合上实训台电源前务必检查接线无误。

(2) PLC 程序下载前确认 PLC 的供电电源已接到二次操作电源面板上的 A,N 接线端子。

(3) 调试时要先调试控制电路及程序,控制现象正确后再接通主电路的三相电,以调试主电路的工作。

【拓展与思考】

(1) 方案一和方案二的区别是什么?在方案一和方案二中调试观察到的现象有何不同?

(2) 本实训给出的方案二有效避免了正、反转切换两个接触器同时动作造成的相间短路,提高软件互锁的可靠性,但却存在初次启动时,不论按下正转启动按钮还是反转启动按钮,电动机都不能马上启动运行,需要延时后才能启动的弊端,思考解决方案。

5.3 三相异步电动机延时、返回 PLC 控制

【实训目的】

(1) 巩固三相异步电动机可逆运转的工作原理。

(2) 巩固学习 PLC 在电气控制中的应用,掌握 PLC 基本指令的使用方法。

【实训要求】

用 PLC 取代继电接触器控制中的控制回路,利用 PLC 实现三相异步电机的延时、返

回控制。具体要求如下：

用两个常开按钮控制电动机的启停，按下启动按钮后，电动机开始正转，正转5 s后，自动切换成反转，反转5 s后，再切换到正转，如此循环，直到按下停止按钮，电动机停止运转。电动机正转时，绿色指示灯亮，电动机反转时，黄色指示灯亮，电动机停止时，红色指示灯亮。

【实训原理】

1. I/O的分配

依据控制要求，需使用PLC的3个输入点和5个输出点，I/O的分配如表5-3-1所示。

表5-3-1　I/O的分配

输入信号			输出信号		
代号	名称	输入继电器	代号	名称	输出继电器
SB1	启动(常开)	I0.0	KM1	1#交流接触器线包	Q0.0
SB2	停止(常开)	I0.1	KM2	2#交流接触器线包	Q0.1
FR	热继电器动断触点	I0.2	HL1	红色指示灯	Q0.2
			HL2	绿色指示灯	Q0.3
			HL3	黄色指示灯	Q0.4

2. 电气接线图

图5-3-1所示为三相异步电动机延时返回控制的主回路接线图，图5-3-2所示为三相异步电动机延时返回控制电路接线图。

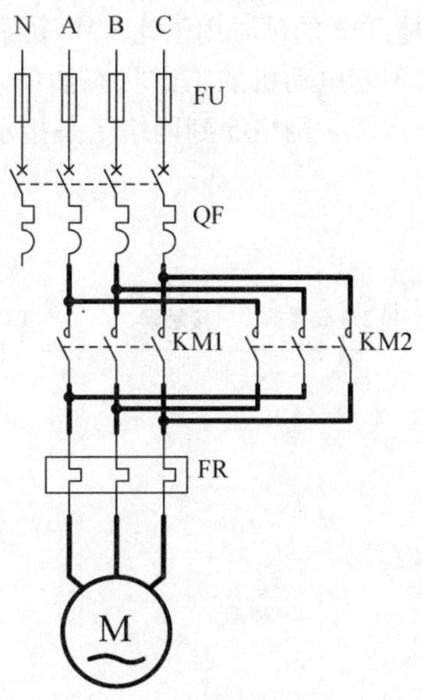

图5-3-1　三相异步电动机延时返回控制的主回路接线图

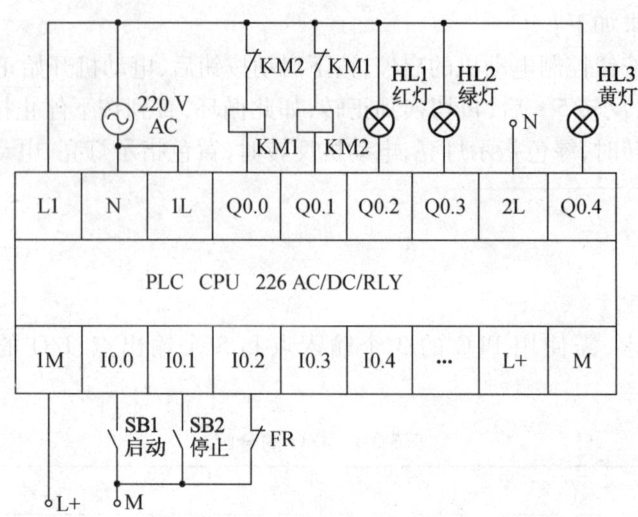

图 5-3-2 三相异步电动机延时返回控制的电路接线图

3. 梯形图程序

三相异步电动机延时返回控制梯形图程序如图 5-3-3 所示。

程序解读:

网络 1 实现正转启保停的控制,当按下启动按钮 SB1 时,输入采样 I0.0 的值为 1,网络 1 中 I0.0 的常开触点闭合,启动 Q0.0 得电并保持,同时启动定时器 T37 开始正转运行定时,当正转运行定时时间到后,T37 的常闭触点断开使 Q0.0 断电,即将正转停止,同时网络 3 中的 T37 常开触点闭合使定时器 T41 开始定时,T41 的延时用于让 KM1 可靠断开后再在网络 2 中启动反转,同网络 1 的程序,在网络 2 反转启动的同时定时器 T38 开始反转运行定时,定时时间到后,网络 2 中的 T38 常闭触点立即断开 Q0.1,网络 4 中的 T38 常开触点使定时器 T42 开始定时,T42 的延时用于让 KM2 可靠断开后再在网络 1 中启动正转。当按下停止按钮 SB2 时,不管电动机的工作状态如何,在网络 1 和网络 2 中都会断开 Q0.0,Q0.1,使电动机停止运转。网络 5 到网络 7 是指示灯控制网络,逻辑简单,容易理解。

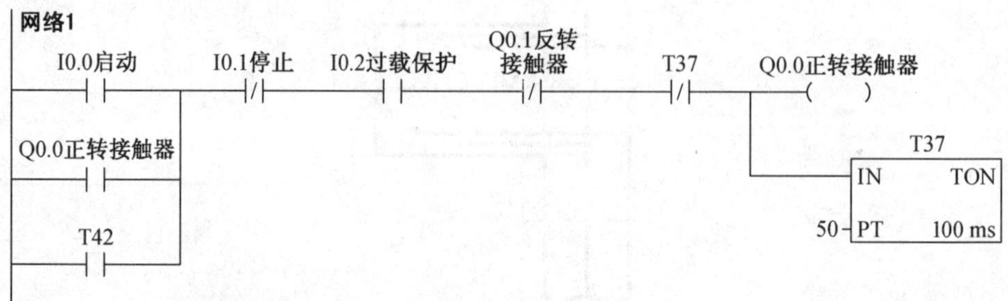

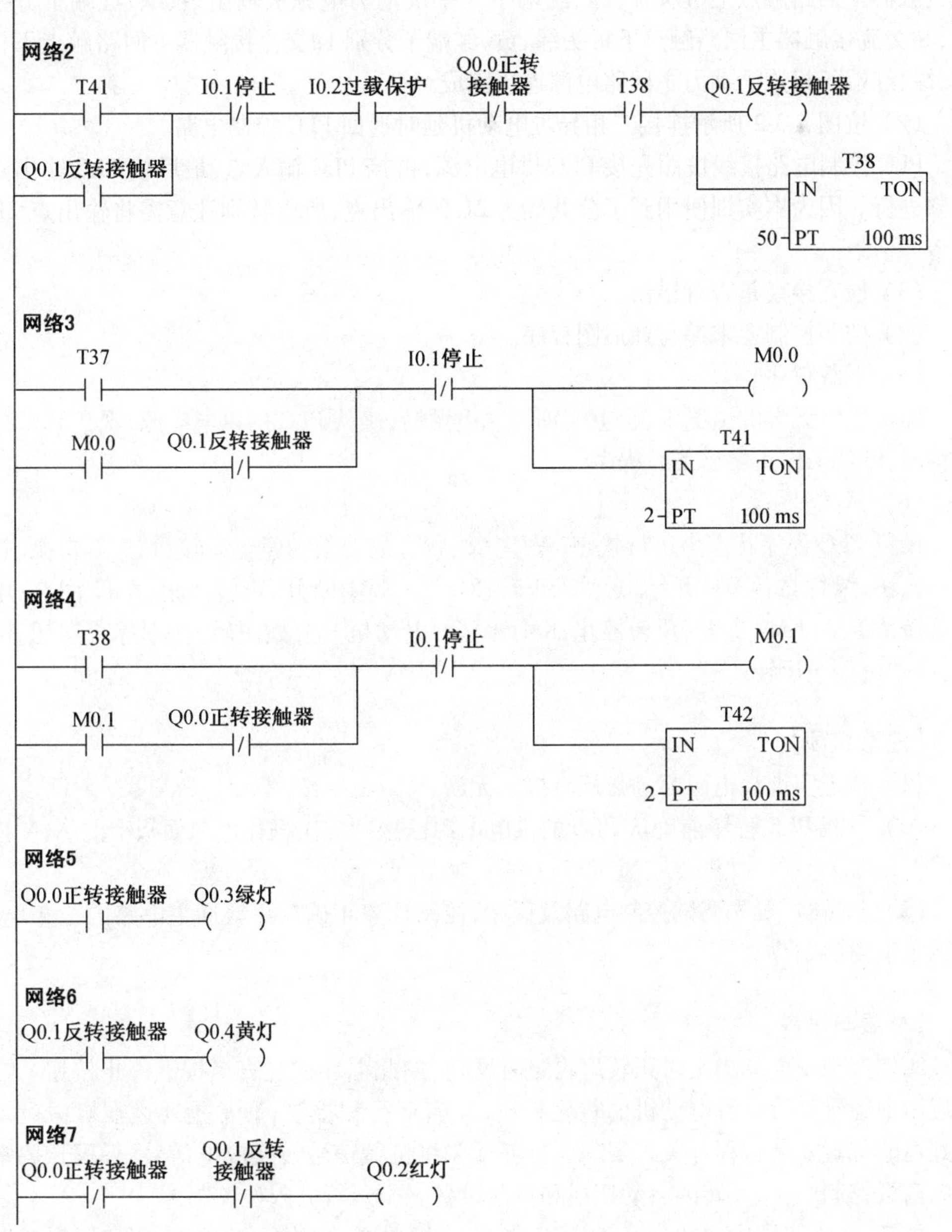

图 5-3-3 三相异步电动机延时返回控制梯形图程序

【操作步骤】

(1) 按图 5-3-1 所示连接三相异步电动机延时返回控制的主回路。

主回路 A,B,C 三相电从实训设备一次动力电源处获取。一次动力电源输出黄、绿、红端子处引线出来与 1#交流接触器主回路触点上桩头黄、绿、红端子相接;1#交流接触器主回路触点下桩头黄、绿、红端子引线与热继电器板 1#热继电器主接点上桩头黄、绿、红端子分别连接;1#热继电器主接点下桩头黄、绿、红端子分别与电动机端子 D1,D3,D5 连接,三相异步电动机端子按三角形接法处理,D1,D6 短接,D2,D3 短接,D4,D5 短接;2#交流接触器主回路触点上桩头黄、绿、红端子与一次动力电源板输出黄、绿、红端子分别连接，2#交流接触器主回路触点下桩头绿、黄、红端子分别1#交流接触器主回路触点下桩头黄、绿、红端子相连。动力主回路电源连接完成。

(2) 按图5-3-2所示连接三相异步电动机延时返回PLC控制电路。

PLC控制电路接线按照先接PLC供电电源，再接PLC输入点，最后接PLC输出点的步骤进行。因为本实训使用到了公共端为2L的输出点，所以特别注意需将输出点2L接到N。

(3) 检查接线是否有错误。

(4) 按照控制要求编写梯形图程序。

(5) 下载程序。

确认接线无误的情况下，合上实训台总电源后，确认PLC的供电电源，观察PLC的工作情况，PLC工作正常后下载程序。

(6) 调试程序。

设置PLC程序状态为运行状态，程序初始状态电动机为停止运转状态，红灯亮，按下启动按钮，绿灯亮，KM1闭合，电动机正转，5 s后，KM1断开，正转停止，KM2闭合，电动机反转，5 s后，KM2断开，反转停止，KM1闭合，电动机又开始正转，按下停止按钮，红灯亮，电动机停止运转。

【注意事项】

(1) 合上实训台电源前务必检查接线无误。

(2) 下载PLC程序前确认PLC的供电电源已接到二次操作电源面板上的A，N接线端子。

(3) 调试时，要先调试控制电路及程序，控制现象正确后再接通主电路的三相电，以调试主电路的工作。

【拓展与思考】

实训实现了电动机定时正转后再定时反转，如此循环往复直至按下停止按钮。在实际应用中经常需要进行电动机的行程控制，要实现行程控制，通常是通过在机械设备需要到达的位置安装行程开关来实现。行程开关将机械信号转换成电信号，行程开关常用于电动机控制中正、反转的自动切换和一些设备安全运行的限位控制。

思考：在本实训中增加一个输入点，外接一行程开关，当行程开关闭合时，实现电动机切换转向的功能。

5.4 三相异步电动机反接制动控制

【实训目的】

(1) 通过实训掌握三相异步电动机反接制动的工作原理，掌握速度继电器的工作原理及使用方法。

（2）学会用PLC控制三相异步电动机反接制动。

（3）巩固掌握PLC编程的方法及程序调试的方法。

【实训要求】

用PLC取代继电接触器控制中的控制回路，利用PLC实现三相异步电机的反接制动控制。具体要求如下：

1. *启动按钮*

按下启动按钮SB1（常开按钮），交流接触器KM1闭合，电动机正常运转，绿色指示灯亮。

2. *停止按钮*

按下停止按钮，根据电动机当前的转速，如果转速较快则反接制动，断开交流接触器KM1，合上交流接触器KM2，反接电动机的工作电源，黄色指示灯亮，电动机转速迅速下降，当转速接近0时断开交流接触器KM2，红色指示灯亮。

按下停止按钮时，如果电动机当前转速较慢，则不反接制动，直接断开交流接触器KM1，红色指示灯亮。

【实训原理】

1. *三相异步电动机反接制动的工作原理*

在生产过程中，经常需要采取一些措施使电动机尽快停转，或者从某高速运转降到某低速运转，或者限制位能性负载在某一转速下稳定运转，这就是电动机的制动问题。实现制动有两种方法：机械制动和电气制动。电气制动是使电机在制动时产生与其旋转方向相反的电磁转矩，其特点是制动转矩大，操作控制方便。现代通用电机的电气制动类型有能耗制动、反接制动和回馈制动。

三相异步电动机反接制动控制是指在电动机制动时，改变电动机的绕组电源的供电相序，从而在电动机内部产生一个和转子转速方向相反的电磁转矩，使电动机的转速迅速下降，当转速接近0时，将电源立即切断，否则电动机将反转。反接制动的实质是使电动机欲反转而制动，因此，在反接制动控制的设施中，为保证电动机的转速被制动到接近0时能迅速切断电源而防止反向运转，常利用速度继电器来自动及时地切断电源。

2. *速度继电器的工作原理*

速度继电器是利用速度原则对电动机进行控制的自动电器，常用作笼型异步电动机的反接制动控制，因此亦称之为反接制动继电器。

本实训使用JY1型速度继电器，其工作原理示意如图5-4-1所示。它主要由转子、定子和触点三部分组成。转子是一个圆柱形永久磁铁，其轴与被控制电动机的轴相连接。定子是一个笼型空心圆环，由硅钢片叠成，并装有笼形绕组。定子空套在转子上，能独自偏摆。当电动机转动时，速度继电器的转子随之转动，这样就在速度继电器的转子和定子圆环之间的气隙中产生旋转磁场而感应电动势并产生电流，此电流与旋转的转子磁场作用产生转矩，使定子偏转，其偏转角度与电动机的转速成正比。当偏转到一定角度时，与定子连接的摆锤推动动触点，使常闭触点分断，当电动机转速进一步升高后，摆锤继续偏摆，使动触点与静触点的常开触点闭合。当电动机转速下降时，摆锤偏转角度随之下降，动触点在簧片作用下复位（常开触点打开、常闭触点闭合）。

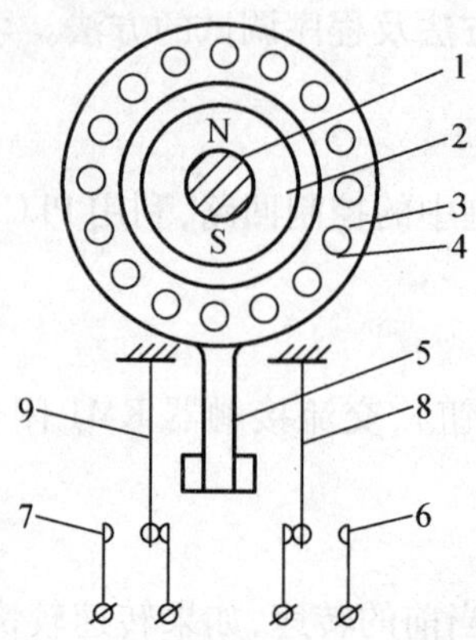

1—转轴；2—转子；3—定子；4—绕组；5—摆锤；6,7—静触点；8,9—簧片

图5-4-1　速度继电器原理示意

一般速度继电器的动作速度为120 r/min，触点的复位速度小于100 r/min，转速在3000～3600 r/min范围内能可靠地工作，允许操作频率为每小时不超过30次。

速度继电器主要根据电动机的额定转速来选择。使用时，速度继电器的转轴应与电动机同轴连接；安装接线时，正反向的触点不能接错，否则不能起到反接制动时接通和分断反向电源的作用。

3. I/O的分配

依据控制要求，需使用PLC的4个输入点和5个输出点，I/O的分配如表5-4-1所示。

表5-4-1　I/O的分配

输入信号			输出信号		
代号	名称	输入继电器	代号	名称	输出继电器
SB1	启动（常开）	I0.0	KM1	1#交流接触器线包	Q0.0
SB2	停止（常开）	I0.1	KM2	2#交流接触器线包	Q0.1
KS	速度继电器常开触点	I0.2	HL1	红色指示灯	Q0.2
FR	热继电器动断触点	I0.3	HL2	绿色指示灯	Q0.3
			HL3	黄色指示灯	Q0.4

4. 电气接线图

图5-4-2所示为三相异步电动机反接制动的主回路接线图。因制动时会产生较大的制动电流，故在KM2支路中串联电阻以限流。图5-4-3所示为三相异步电动机反接制动控制电路接线图。

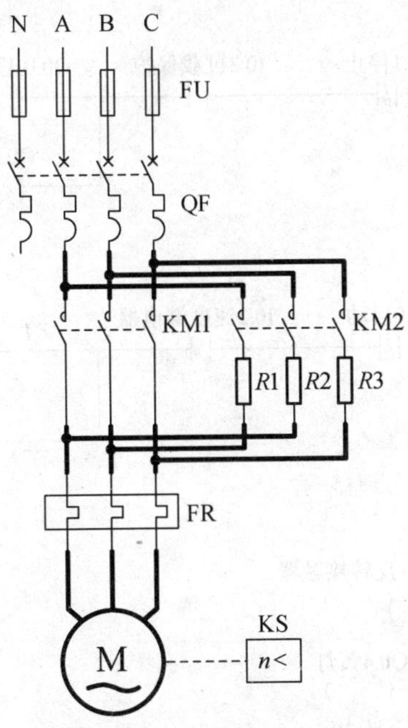

图 5-4-2　三相异步电动机反接制动的主回路接线图

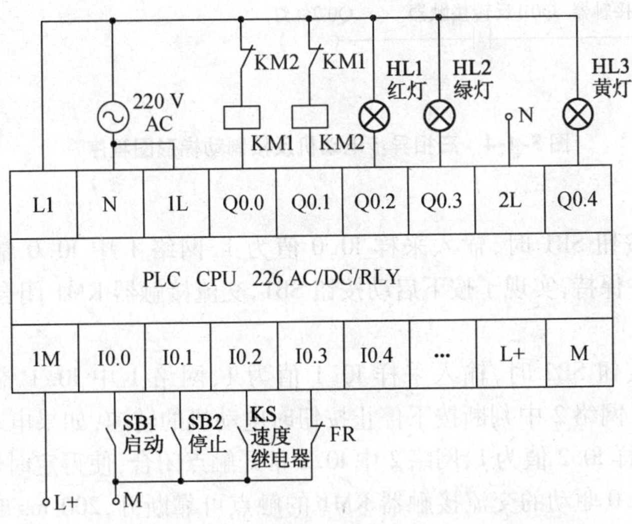

图 5-4-3　三相异步电动机反接制动控制电路接线图

5. 梯形图程序

三相异步电动机反接制动梯形图程序如图 5-4-4 所示。

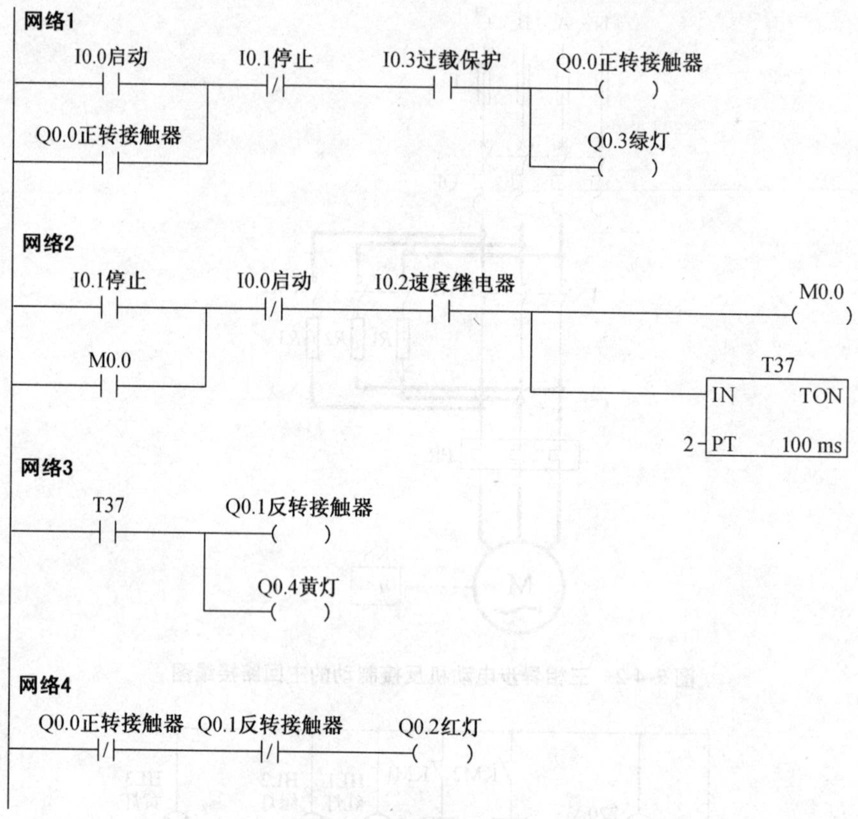

图5-4-4　三相异步电动机反接制动梯形图程序

程序解读：

当按下启动按钮 SB1 时，输入采样 I0.0 值为 1，网络 1 中 I0.0 常开触点闭合使 Q0.0，Q0.3 得电并保持，实现了按下启动按钮 SB1，交流接触器 KM1 闭合，电动机正常运转，绿色指示灯亮。

当按下停止按钮 SB2 时，输入采样 I0.1 值为 1，网络 1 中 I0.1 常闭触点断开使 Q0.0，Q0.3 断电。网络 2 中判断按下停止按钮时电动机的转速，如果电动机的转速超过 120 r/min，输入采样 I0.2 值为1，网络 2 中 I0.2 常开触点闭合，使得定时器 T37 开始定时 200 ms，用于让 Q0.0 驱动的交流接触器 KM1 的触点可靠断开，200 ms 时间到后在网络 3 中利用 T37 的常开触点立即接通 Q0.1，即使交流接触器 KM2 的主回路触点闭合，反接制动，同时 Q0.4 驱动的反接制动指示灯亮，制动开始后，电动机转速立即减小到小于 100 r/min，此时输入采样 I0.2 值为0，网络 2 中 I0.2 常开触点断开，定时器 T37 输入端断开，定时器复位为 0，从而网络 3 中的 Q0.1 也立即断开，反接制动结束。

如果按下停止按钮 SB2 时电动机的转速较低，速度继电器常开触点断开，则此时网络 2 和网络 3 执行的结果是 Q0.1 不得电，即电动机转速较低时，不反接制动，仅在网络 1 中依靠 I0.1 常闭触点断开 Q0.0，使电动机自然停车。

网络 3 实现了电动机停止运转指示灯的控制，利用 Q0.0 和 Q0.1 的常闭触点的串联来驱动红灯。

【操作步骤】

(1) 按图5-4-2所示的主电路电气原理图接好主回路。

主回路A,B,C三相电从实训设备一次动力电源处获取。一次动力电源输出黄、绿、红端子处引线出来与1#交流接触器主回路触点上桩头黄、绿、红端子相接;1#交流接触器主回路触点下桩头黄、绿、红端子引线与热继电器板1#热继电器主接点上桩头黄、绿、红端子分别连接;1#热继电器主接点下桩头黄、绿、红端子分别与电动机端子D1,D3,D5连接,三相异步电动机端子按三角形接法处理,D1,D6短接,D2,D3短接,D4,D5短接;2#交流接触器主回路触点上桩头黄、绿、红端子与一次动力电源板输出黄、绿、红端子分别连接,2#交流接触器主回路触点下桩头绿、黄、红端子串接限流电阻后再与1#热继电器主接点上桩头黄、绿、红端子相连。动力主回路电源连接完成。

(2) 按图5-4-3所示连接三相异步电动机反接制动PLC控制电路。

PLC控制电路的接线按照先接PLC供电电源,再接PLC输入点,最后接PLC输出点的步骤进行。因本实训使用到了公共端为2L的输出点,所以应特别注意需将输出点2L接到N。

(3) 检查接线是否有错误。

(4) 按照控制要求编写梯形图程序。

(5) 下载程序。

确认接线无误的情况下,合上实训台总电源后,确认PLC的供电电源,观察PLC的工作情况,PLC工作正常后下载程序。

(6) 调试程序。

设置PLC程序状态为运行状态,程序初始状态电动机为停止运转状态,红灯亮,按下启动按钮,绿灯亮,KM1闭合,电动机正转,操作停止按钮,观察是否按控制要求动作,通过计算机监控,观察速度继电器的常开触点在电动机正常运转时是否闭合,如不闭合,则速度继电器的正、反向的触点接错,需断电更改接入速度继电器另一转向的触点。

【注意事项】

(1) 接通实训台电源前务必检查接线无误。

(2) PLC程序下载前确认PLC的供电电源已接到二次操作电源面板上的A,N接线端子。

(3) 调试过程中主电路断路器不闭合,电动机不运转,速度继电器检测到的转速为0,不能调试反接制动的现象;调试时,需闭合主电路的三相电,让电动机运转,同时调试时务必注意观察速度继电器的正、反向触点是否接错。

【拓展与思考】

本实训介绍了电气制动中反接制动的工作原理,查阅资料简述反接制动的优缺点,以及能耗制动、回馈制动的工作原理和优缺点。

5.5 三相异步电动机自耦调压器减压启动控制

【实训目的】

(1) 掌握三相异步电动机自耦调压器减压启动的工作原理。

(2) 学会用PLC、自耦调压器等器件实现三相异步电动机自耦调压器减压启动。

(3) 巩固掌握PLC编程的方法及程序调试的方法。

【实训要求】

用PLC取代继电接触器控制中的控制回路,实现三相异步电机的自耦调压器减压启动。具体要求如下:

1. 启动按钮

按下启动按钮SB1(常开)时,电动机绕组的工作电源通过交流接触器从自耦调压器的中间抽头获得,等电动机启动之后,电动机绕组的工作电源通过交流接触器变换为全电压。

2. 停止按钮

按下停止按钮SB2(常开)时,所有交流接触器断开,电动机停止运转。

3. 减压、全压工作

减压启动时,黄色指示灯亮;全压工作时,绿色指示灯亮;电动机停止运转时,红色指示灯亮。

【实训原理】

1. I/O的分配

依据控制要求,需使用PLC的3个输入点和6个输出点,I/O的分配如表5-5-1所示。

表5-5-1 I/O的分配

输入信号			输出信号		
代号	名称	输入继电器	代号	名称	输出继电器
SB1	启动(常开)	I0.0	KM1	1#交流接触器线包	Q0.0
SB2	停止(常开)	I0.1	KM2	2#交流接触器线包	Q0.1
FR	热继电器动断触点	I0.2	KM3	3#交流接触器线包	Q0.2
			HL1	红色指示灯	Q0.3
			HL2	绿色指示灯	Q0.4
			HL3	黄色指示灯	Q0.5

(2) 电气接线图

图5-5-1所示为三相异步电动机自耦调压器减压启动主回路接线图,图5-5-2所示为

三相异步电动机自耦调压器减压启动 PLC 控制电路接线图。

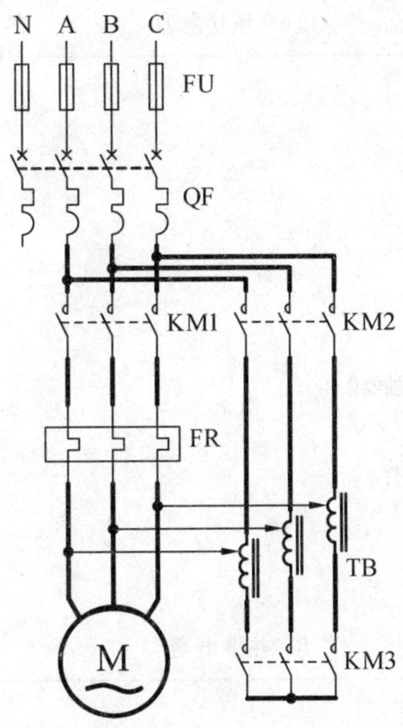

图 5-5-1　三相异步电动机自耦调压器减压启动主回路接线图

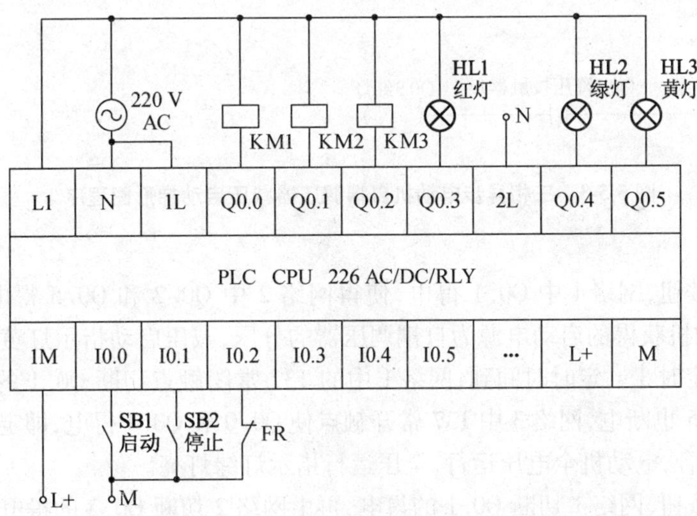

图 5-5-2　三相异步电动机自耦调压器减压启动 PLC 控制电路接线图

（3）梯形图程序

三相异步电动机自耦调压器减压启动梯形图程序如图 5-5-3 所示。

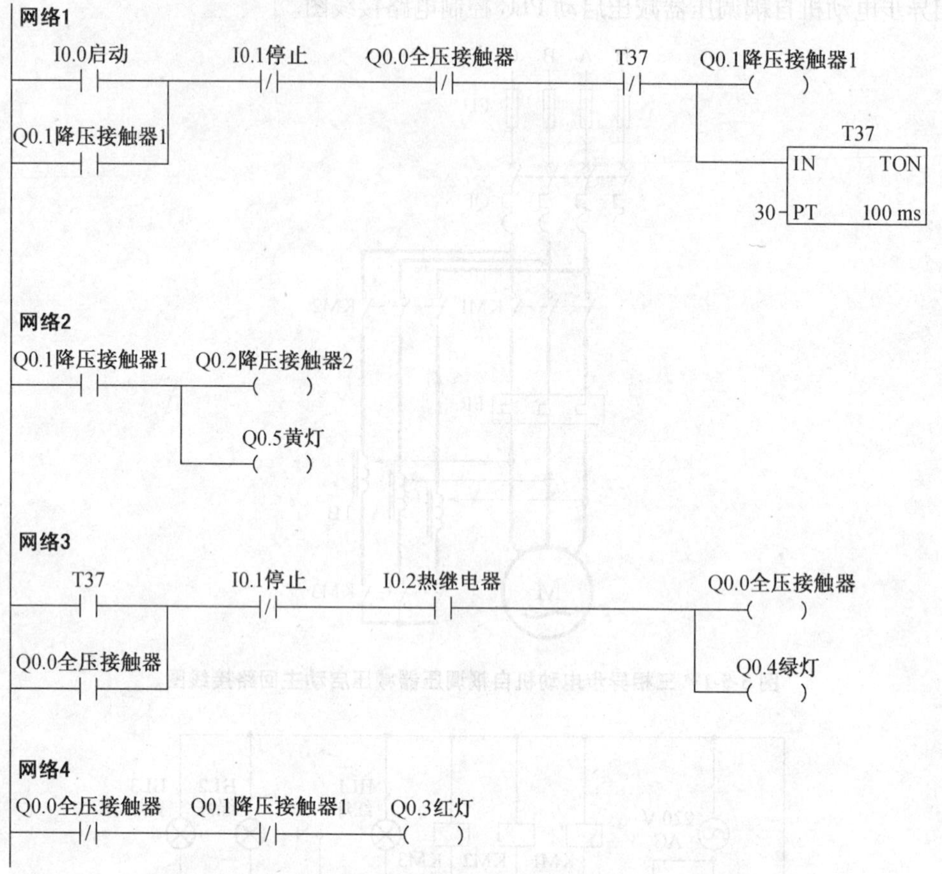

图 5-5-3　三相异步电动机自耦调压器减压启动梯形图程序

程序解读：

按下启动按钮，网络 1 中 Q0.1 得电，使得网络 2 中 Q0.2 和 Q0.5 得电，即 KM2 和 KM3 闭合，电动机获得的启动电源为自耦调压器的分压，减压启动指示灯黄灯亮；同时定时器 T37 开始定时 3 s，定时时间到，网络 1 中的 T37 常闭触点切断 Q0.1 的得电，网络 2 的 Q0.2 和 Q0.5 也断电，网络 3 中 T37 常开触点使 Q0.0 和 Q0.4 得电，即定时时间到后，切换成 KM1 闭合，电动机全电压运行，全压运行指示灯绿灯亮。

按下停止按钮，网络 1 切断 Q0.1 的得电，再由网络 2 切断 Q0.2 的得电，网络 3 切断 Q0.0 得电，所有交流接触器都断开，电动机断电，停止运转，网络 4 中 Q0.3 得电，红色指示灯亮。

【操作步骤】

（1）按图 5-5-1 所示主电路电气原理图接好主回路。

主回路 A，B，C 三相电从实训设备一次动力电源处获取。一次动力电源输出黄、绿、红端子处引线出来与 1#交流接触器主回路触点上桩头黄、绿、红端子相接；1#交流接触器主回路触点下桩头黄、绿、红端子引线与热继电器板 1#热继电器主接点上桩头黄、绿、红端子分别连接；1#热继电器主接点下桩头黄、绿、红端子分别与电动机端子 D1，D3，D5 连接,三相异步电动机端子按三角形接法处理,D1,D6 短接,D2,D3 短接,D4,D5 短接;2#交流接触器主回路触点上桩头黄、绿、红端子与一次动力电源板输出黄、绿、红端子分别连接;2#交流接触器主回路触点下桩头绿、黄、红端子与三相自耦调压器 A1,B1,C1 黄、绿、红端子相连;三相自耦调压器板上三相自耦调压器 A2,B2,C2 黄、绿、红端子分别与热继电器板 1#热继电器主接点下桩头黄、绿、红端子连接;三相自耦调压器 A3,B3,C3 黑色端子与 3#交流接触器主回路触点上桩头黄、绿、红端子分别连接;3#交流接触器主回路触点下桩头黄、绿、红端子短接,动力主回路电源连接完成。

(2) 按图 5-5-2 所示连接三相异步电动机自耦调压器减压启动 PLC 控制电路。

PLC 控制电路的接线按照先接 PLC 供电电源,再接 PLC 输入点,最后接 PLC 输出点的步骤进行。因为本实训使用到了公共端为 2L 的输出点,所以应特别注意需将输出点 2L 接到 N。

(3) 检查接线是否有错误。

(4) 按照控制要求编写梯形图程序。

(5) 下载程序。

在确认接线无误的情况下,合上实训台总电源后,确认 PLC 的供电电源,观察 PLC 的工作情况,PLC 工作正常后下载程序。

(6) 调试程序。

设置 PLC 程序状态为运行状态,程序初始状态电动机为停止运转状态,红色指示灯亮,按下启动按钮,KM2 和 KM3 闭合,黄色指示灯亮,电动机减压启动;过了 2 s 后,KM2 和 KM3 断开,KM1 闭合,绿色指示灯亮,电动机全压运行;按下停止按钮,所有交流接触器断开,电动机停止运转,红色指示灯亮。

【注意事项】

(1) 接通实训台电源前务必检查接线无误。

(2) 下载 PLC 程序前确认 PLC 的供电电源已接到二次操作电源面板上的 A,N 接线端子。

(3) 调试前调节自耦调压器的调节旋钮,确认自耦调压器输出位于 65% ~85% 之间(档位选择正确)。

【拓展与思考】

简述电动机降压启动的原因。

5.6　三相异步电动机 Y－△减压启动控制

【实训目的】

(1) 通过实训掌握三相异步电动机 Y－△减压启动的工作原理。

(2) 学会用 PLC、交流接触器等器件实现三相异步电动机 Y－△减压启动。

(3) 巩固掌握 PLC 编程的方法及程序调试的方法。

【实训要求】

用PLC取代继电接触器控制中的控制回路，实现三相异步电机的Y－△减压启动。具体要求如下：

1. 减压启动

按下减压启动按钮SB1(常开)时，电动机绕组通过交流接触器接成星形(Y)，电动机减压启动；过一段时间之后，电动机绕组的接法再通过交流接触器自动变换为三角形(△)接法，电动机全电压运行。

2. 全压启动

① 按下全压启动按钮SB3(常开)时，电动机绕组通过交流接触器自动变换为三角形(△)接法，电动机全电压运行。

② 按下停止按钮SB2(常开)时，所有交流接触器断开，电动机停止运转。

③ 减压启动时，黄色指示灯亮，全压工作时，绿色指示灯亮，电动机停止运转时，红色指示灯亮。

【实训原理】

1. I/O的分配

依据控制要求，需使用PLC的4个输入点和6个输出点，I/O的分配如表5-6-1所示。

表5-6-1 I/O的分配

输入信号			输出信号		
代号	名称	输入继电器	代号	名称	输出继电器
SB1	减压启动(常开)	I0.0	KM1	1#交流接触器线包	Q0.0
SB2	停止(常开)	I0.1	KM2	2#交流接触器线包	Q0.1
SB3	全压启动(常开)	I0.2	KM3	3#交流接触器线包	Q0.2
FR	热继电器动断触点	I0.3	HL1	红色指示灯	Q0.3
			HL2	绿色指示灯	Q0.4
			HL3	黄色指示灯	Q0.5

2. 电气接线图

图5-6-1所示为三相异步电动机Y－△减压启动主回路接线图，图5-6-2所示为三相异步电动机Y－△减压启动PLC控制电路接线图。

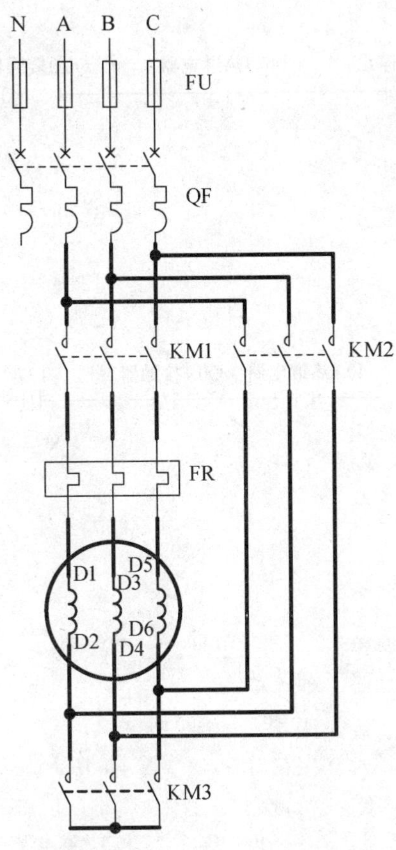

图 5-6-1　三相异步电动机 Y－△减压启动主回路接线图

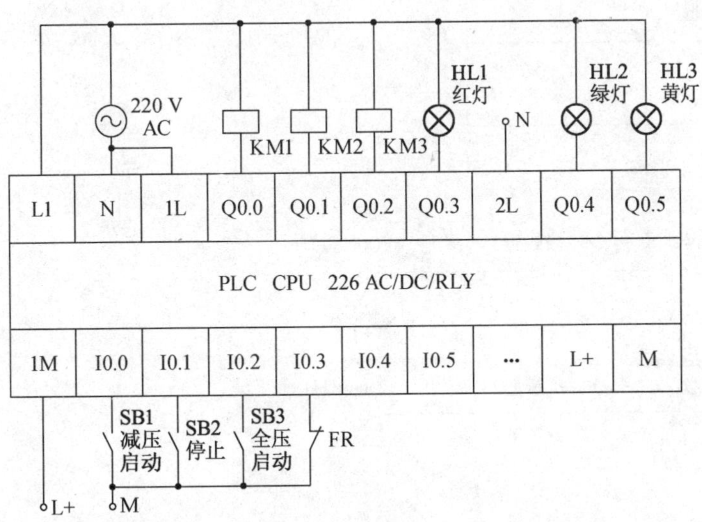

图 5-6-2　三相异步电动机 Y－△减压启动 PLC 控制电路接线图

3. 梯形图程序

三相异步电动机 Y－△减压启动梯形图程序如图 5-6-3 所示。

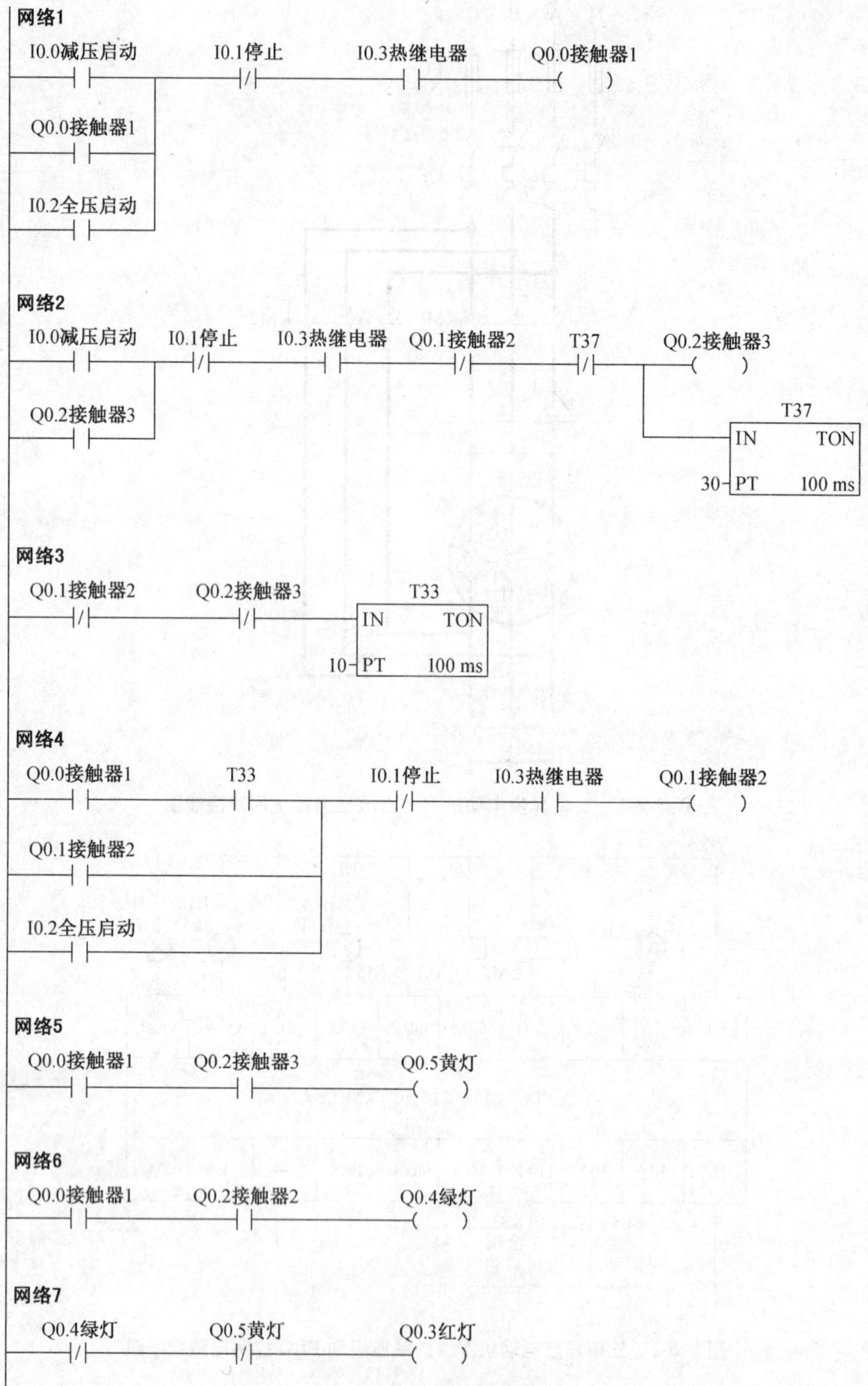

图5-6-3 三相异步电动机Y－△减压启动梯形图程序

程序解读：

按下减压启动按钮，I0.0 采样值为1，网络1中I0.0常开触点闭合，使得Q0.0得电并保持，网络2中I0.0常开触点闭合使得Q0.2得电，使KM1和KM3闭合，电动机绕组接法为星形，电动机星形启动；网络2中Q0.2得电的同时定时器T37开始定时，定时时间到后网络2中串联的T37常闭触点切断Q0.2，即断开KM3；在网络3中，定时时间到后切断Q0.2的同时启动T33定时，T33延时时间到后再在网络4中接通Q0.1，即闭合KM2，电动机绕组切换成三角形接法，T33定时器的作用是在星形接法向三角形接法转换时使KM1立即断开，延时100 ms接通KM2，有效地避免了KM1断开触点但电弧尚未熄灭时，KM2的触点就已闭合导致的电源相间瞬时短路故障。

按下停止按钮，网络1、网络2及网络4的I0.1常闭触点切断Q0.0，Q0.2及Q0.1，使电动机停止运转。

按下全压启动按钮，网络1中I0.2接通使Q0.0得电，网络4中I0.2接通使Q0.1得电，使KM1和KM2闭合，电动机绕组通过KM1和KM2接成三角形，电动机全压运行。

网络5为星形接法启动指示灯，星形接法Q0.0和Q0.2得电，用Q0.0和Q0.2常开触点串联驱动即可。网络6是电动机全压运行指示灯控制，网络7是电动机停止运转指示灯控制，其逻辑同网络5类似。

【操作步骤】

(1) 按图5-6-1所示主电路电气原理图接好主回路。

主回路A，B，C三相电从实训设备一次动力电源处获取。一次动力电源输出黄、绿、红端子处引线出来与1#交流接触器主回路触点上桩头黄、绿、红端子相接；1#交流接触器主回路触点下桩头黄、绿、红端子引线分别与热继电器板1#热继电器主接点上桩头黄、绿、红端子连接；1#热继电器主接点下桩头黄、绿、红端子分别与电动机端子D1，D3，D5连接；电动机端子D2，D4，D6与3#交流接触器主回路触点上桩头黄、绿、红端子相连；3#交流接触器主回路触点下桩头黄、绿、红端子短接；2#交流接触器主回路触点上桩头黄、绿、红端子分别与一次动力电源板输出黄、绿、红端子连接；2#交流接触器主回路触点下桩头绿、黄、红端子分别与电动机端子D6，D2，D4相连，动力主回路电源连接完成。

(2) 按图5-6-2所示连接三相异步电动机Y－△减压启动PLC控制电路。

PLC控制电路的接线按照先接PLC供电电源，再接PLC输入点，最后接PLC输出点的步骤进行。因为本实训使用到了公共端为2L的输出点，所以应特别注意需将输出点2L接到N。

(3) 检查接线是否有错误。

(4) 按照控制要求编写梯形图程序。

(5) 下载程序。

在确认接线无误的情况下，合上实训台总电源后，确认PLC的供电电源，观察PLC的工作情况，PLC工作正常后下载程序。

(6) 调试程序。

设置PLC程序状态为运行状态，程序初始状态电动机为停止运转状态，红色指示灯亮，按下减压启动按钮，KM1和KM3闭合，黄色指示灯亮，电动机减压启动；定时3 s，KM3

断开后,KM2 闭合,绿色指示灯亮,电动机全压运行;按下停止按钮,所有交流接触器断开,电动机停止运转,红色指示灯亮;在电动机停止状态时,按下全压启动按钮,KM1 和 KM2 闭合,绿色指示灯亮,电动机全压运行。

【注意事项】

(1) 接通实训台电源前务必检查接线无误,尤其要注意,2#交流接触器主回路触点下桩头绿、黄、红端子分别是与电动机端子 D6,D2,D4 相连。

(2) PLC 程序下载前确认 PLC 的供电电源已接到二次操作电源面板上的 A,N 接线端子。

(3) 调试过程要先调试控制电路及程序,控制现象正确后再接通主电路的三相电调试主电路的工作。

5.7 双三相异步电动机自动顺序控制

【实训目的】

(1) 学会用 PLC、交流接触器等器件实现双三相异步电动机自动顺序控制。

(2) 巩固掌握 PLC 编程的方法及程序调试的方法。

【实训要求】

用 PLC 取代继电接触器控制中的控制回路,利用 PLC 实现双三相异步电动机自动顺序控制。具体要求如下:

有 M1 和 M2 两台电动机,启动按钮 1、启动按钮 2 及停止按钮。

1. 自动顺序控制

当双电动机都为停止运转状态时,按下启动按钮 1 时,M1 电动机立即启动,延时 1 s 后,M2 电动机启动;当双电动机都为停止运转状态,按下启动按钮 2 时,M2 电动机立即启动,延时 1 s 后,M1 电动机启动。

2. 双电动机的联锁控制

在双电动机都为运转状态时,按住启动按钮 1,M2 电动机停止运转,松掉启动按钮 1,M2 电动机立即运转;按住启动按钮 2,M1 电动机停止运转,松掉启动按钮 2,M1 电动机立即运转。

3. 停止控制

在任意状态下,按下停止按钮,双电动机停止运转。

4. 指示灯的控制

M1 运行绿色指示灯亮,M2 运行黄色指示灯亮,M1 及 M2 停止运行时红色指示灯亮。

【实训原理】

1. I/O 的分配

依据控制要求,需使用 PLC 的 3 个输入点和 5 个输出点,I/O 的分配如表 5-7-1 所示。

表 5-7-1　I/O 的分配

输入信号			输出信号		
代号	名称	输入继电器	代号	名称	输出继电器
SB1	启动按钮 1	I0.0	KM1	1#交流接触器线包	Q0.0
SB2	启动按钮 2	I0.1	KM2	2#交流接触器线包	Q0.1
SB3	停止按钮	I0.2	HL1	红色指示灯	Q0.2
			HL2	绿色指示灯	Q0.3
			HL3	黄色指示灯	Q0.4

2. 电气接线图

图 5-7-1 所示为双三相异步电动机自动顺序控制电气主回路接线图，图 5-7-2 所示为双三相异步电动机自动顺序控制 PLC 控制电路接线图。

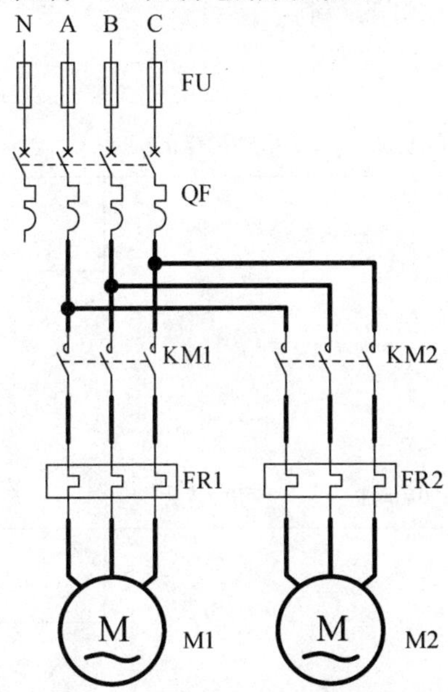

图 5-7-1　双三相异步电动机自动顺序控制主回路接线图

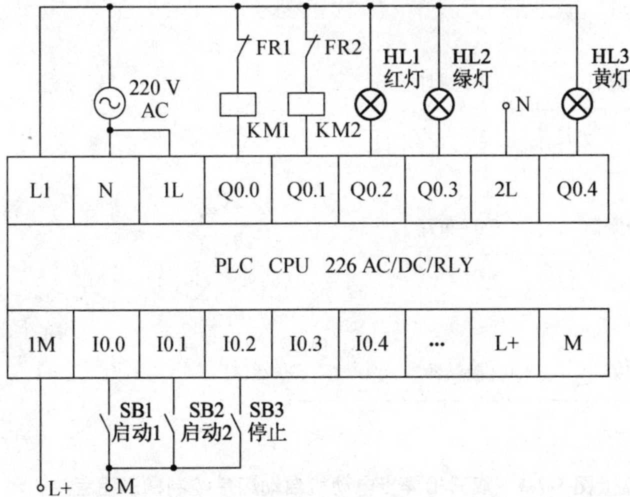

图 5-7-2　双三相异步电动机自动顺序控制 PLC 控制电路接线图

3. 梯形图程序

双三相异步电动机自动顺序控制梯形图程序如图5-7-3所示。

程序解读：

网络1实现M1电动机的启保停控制，按下启动按钮1，I0.0采样为1，使Q0.0得电并保持，同时T37开始定时1 s；定时时间到后网络2中的T37常开触点启动M2电动机，实现了按下启动按钮1时，M1电动机立即启动，延时1 s后，M2电动机启动。网络1中串接了I0.1的常闭触点，按住I0.1，I0.1采样值为1，I0.1常闭触点切断Q0.0，实现了按住启动按钮2，M1电动机停止运转，在M2电动机运转时松掉启动按钮2，M1电动机立即运转。

网络2实现M2电动机的启保停控制，原理同M1电动机。

网络3到网络5实现指示灯的控制。

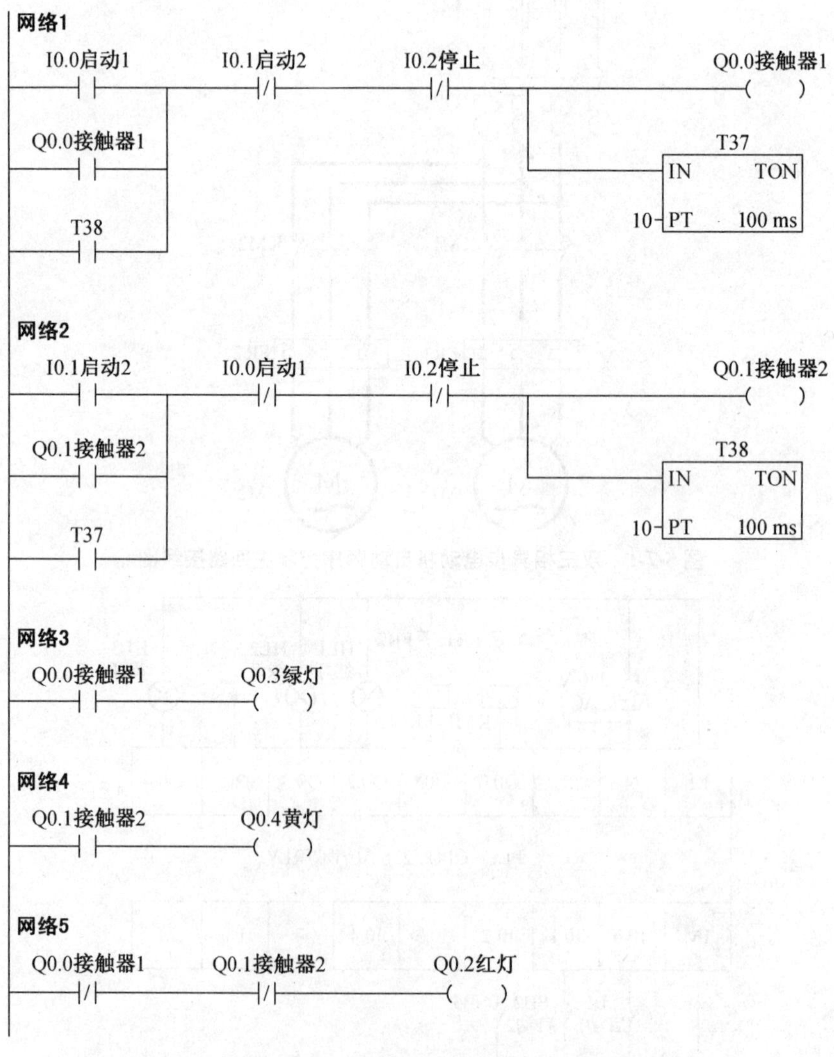

图5-7-3 双三相异步电动机自动顺序控制梯形图程序

【操作步骤】

(1) 按图 5-7-1 所示主电路电气原理图接好主回路。

主回路 A,B,C 三相电从实训设备一次动力电源处获取。一次动力电源输出黄、绿、红端子处引线出来与 1#交流接触器主回路触点上桩头黄、绿、红端子相接;1#交流接触器主回路触点下桩头黄、绿、红端子引线分别与热继电器板 1#热继电器主接点上桩头黄、绿、红端子连接;1#热继电器主接点下桩头黄、绿、红端子分别与电动机端子 D1,D3,D5 连接;电动机端子 D2,D4,D6 短接,电动机采用星形接法,M1 电动机动力主回路电源连接完成。M2 电动机主回路电源连接同 M1 电动机的接法相似。

(2) 按图 5-7-2 连接三相异步电动机 Y－△减压启动 PLC 控制电路。

PLC 控制电路的接线按照先接 PLC 供电电源,再接 PLC 输入点,最后接 PLC 输出点的步骤进行。因为本实训使用到了公共端为 2L 的输出点,所以应特别注意需将输出点 2L 接到 N。

(3) 检查接线是否有错误。

(4) 按照控制要求编写梯形图程序。

(5) 下载程序。

在确认接线无误的情况下,合上实训台总电源后,确认 PLC 的供电电源,观察 PLC 的工作情况,PLC 工作正常后下载程序。

(6) 调试程序。

设置 PLC 程序状态为运行状态,程序初始状态电动机为停止运转状态,红色指示灯亮,按下启动按钮 1,M1 电动机立即启动,绿色指示灯亮,1 s 后,M2 电动机启动,黄色指示灯亮;此时按住启动按钮 1,M2 电动机停止运转,黄色指示灯灭,松掉启动按钮 1,M2 电动机又立即运转,黄色指示灯亮;按下停止按钮,M1 和 M2 电动机立即停止,绿灯、黄灯灭,红色指示灯亮;此时按下启动按钮 2,M2 电动机立即启动,黄色指示灯亮,1 s 后,M1 电动机启动,绿色指示灯亮。

【注意事项】

(1) 接通实训台电源前务必检查接线无误。

(2) 下载 PLC 程序前确认 PLC 的供电电源已接到二次操作电源面板上的 A,N 接线端子。

(3) 调试过程要先调试控制电路及程序,控制现象正确后再接通主电路的三相电以调试主电路的工作。

第6章 PLC综合控制实训项目

6.1 送料小车定向运动控制

【实训目的】

(1) 掌握应用PLC技术控制小车定向运动的编程方法。

(2) 进一步熟悉PLC基本指令的使用和程序的编辑、调试过程。

【实训要求】

图6-1-1所示为小车定向运动控制模拟实训板,要求控制小车自动往返于点*A*,*B*之间,在点*A*装料,在点*B*卸料。面板上的L1,L2为小车右行和左行状态灯,L3,L4为小车到达点*A*和点*B*的指示灯,限位开关A,B为小车到位模拟信号按钮,R,S分别为系统运行、停止按钮。具体控制要求为:

按下系统运行按钮后,系统开始运行,小车从点*A*向右行驶(L1右行状态灯亮),到达点*B*后停车卸料(L4亮),卸料完成后(延时5 s),小车向左行驶(L2左行状态灯亮),返回点*A*后停车装料(L3亮),装料完成后(延时5 s),小车继续从点*A*向右行驶,如此循环工作,按下停止按钮,系统停止工作。

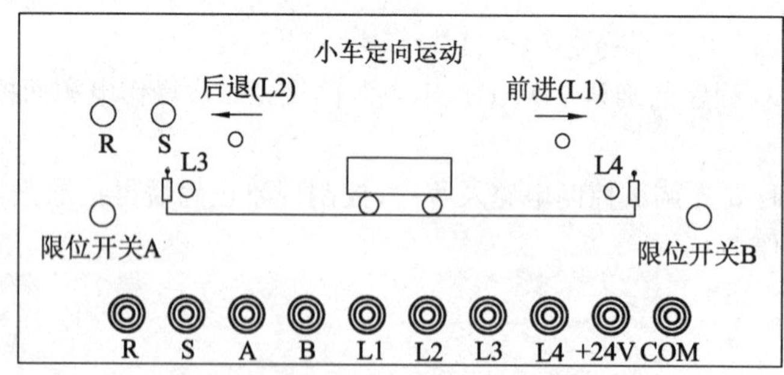

图6-1-1 小车定向运动控制模拟实训板

【仪器设备】

(1) SIEMENS S7-200/CPU 226 PLC一台。

(2) 小车定向运动模拟实训板一块。

【实训原理】

1. I/O 的分配

依据控制要求，需使用 PLC 的 4 个输入点和 4 个输出点，I/O 的分配如表 6-1-1 所示。

表 6-1-1　I/O 的分配

输入信号			输出信号		
代号	名称	输入继电器	代号	名称	输出继电器
R	启动(常开)	I0.0	L1	右行指示灯 L1	Q0.0
S	停止(常开)	I0.1	L2	左行指示灯 L2	Q0.1
A	限位开关 A	I0.2	L3	装料指示灯 L3	Q0.2
B	限位开关 B	I0.3	L4	卸料指示灯 L4	Q0.3

2. 电气接线图

图 6-1-2 所示为小车定向运动控制系统电气接线图。

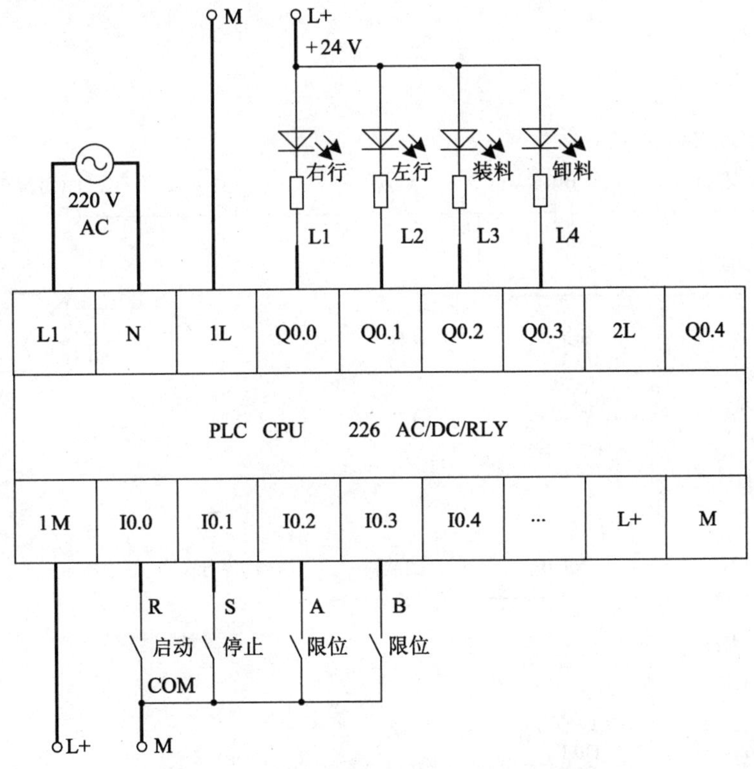

图 6-1-2　小车定向运动控制系统电气接线图

3. 梯形图程序

梯形图程序设计采用经验设计法，如图 6-1-3 所示。网络 1 检测启动与停止按钮是否按下，网络 2 实现右行控制，网络 3 实现右行到限后卸料，网络 4 实现左行控制，网络 5 实现左行到限后停车装料。

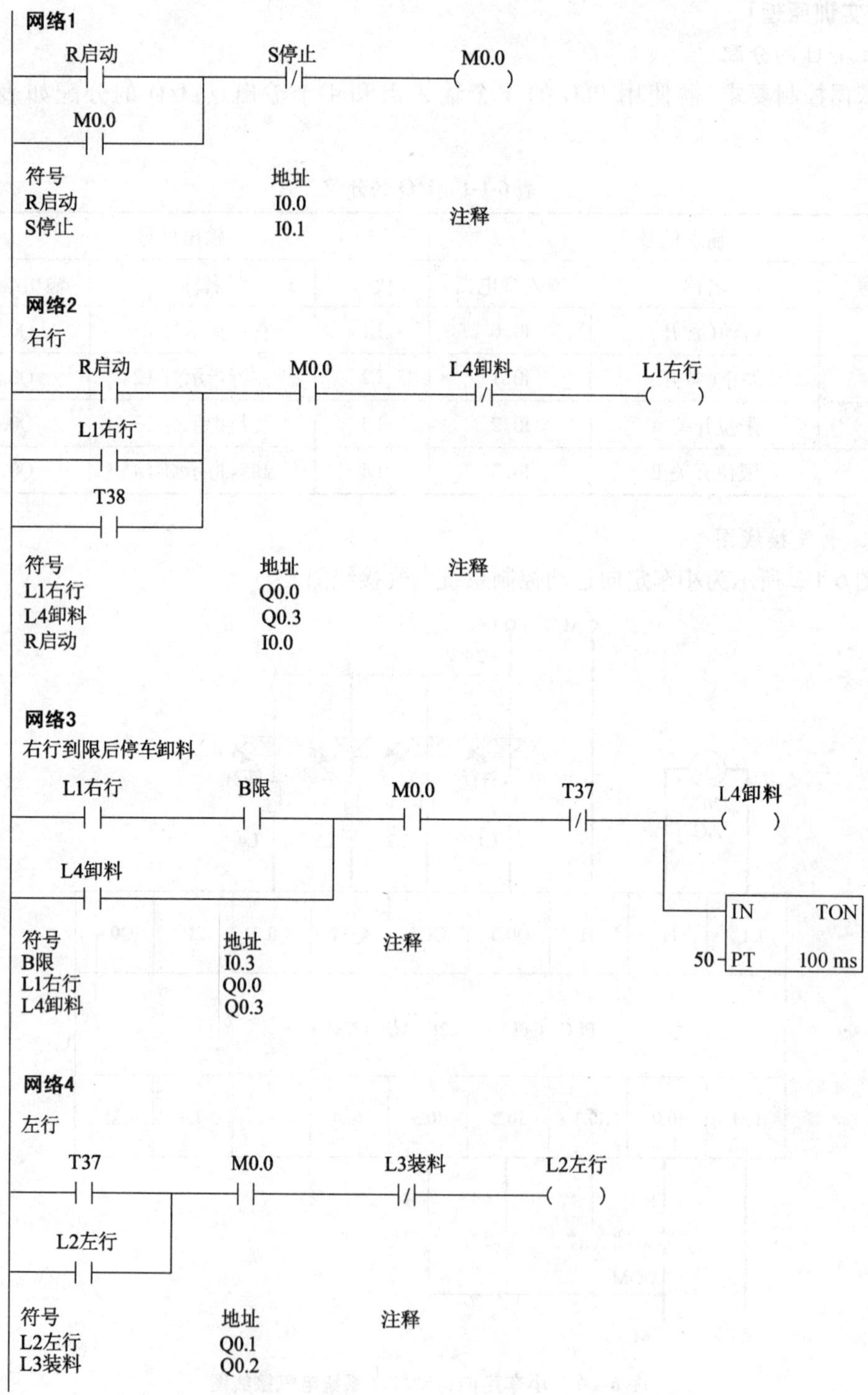
网络1
R启动
S停止
M0.0
M0.0
符号
地址
注释
R启动
I0.0
S停止
I0.1
网络2
右行
R启动
M0.0
L4卸料
L1右行
L1右行
T38
符号
地址
注释
L1右行
Q0.0
L4卸料
Q0.3
R启动
I0.0
网络3
右行到限后停车卸料
L1右行
B限
M0.0
T37
L4卸料
L4卸料
IN
TON
50
PT
100 ms
符号
地址
注释
B限
I0.3
L1右行
Q0.0
L4卸料
Q0.3
网络4
左行
T37
M0.0
L3装料
L2左行
L2左行
符号
地址
注释
L2左行
Q0.1
L3装料
Q0.2

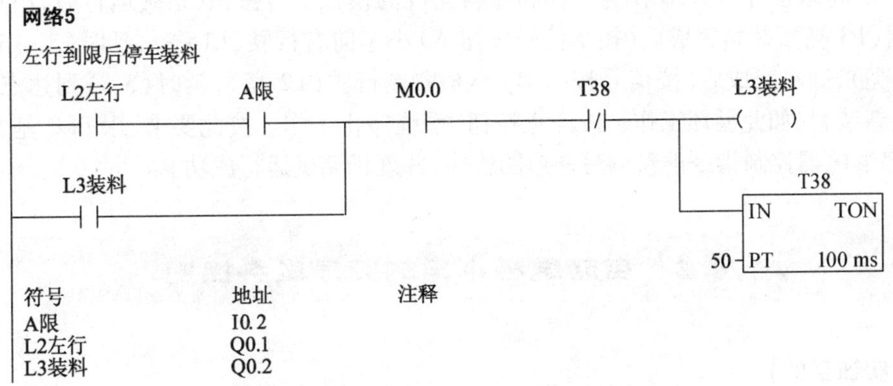

图 6-1-3 小车定向运动控制梯形图程序

【操作步骤】

(1) 按图 6-1-2 所示连接小车定向运动控制系统电气线路。

电气接线按照先接 PLC 供电电源,再接 PLC 输入点,最后接 PLC 输出点的步骤进行。

(2) 检查接线是否有错误。

(3) 按照控制要求编写梯形图程序。

(4) 下载程序。

在确认接线无误的情况下,合上实训台总电源并确认 PLC 的供电电源,观察 PLC 的工作情况,在其工作正常后下载程序。

(5) 调试程序。

设置 PLC 程序状态为运行状态,按下启动按钮后,系统按控制要求运行。

【注意事项】

(1) 严格按照电气接线图接线。

接线图 6-1-2 中粗体黑线是需要连接的线,严格按照电气接线图接线。本实训使用了小车定向运动模拟实训板,如图 6-1-1 所示,在模拟实训板上,4 个指示灯 L1,L2,L3 及 L4 均为直流指示灯,其正极接线端子在实训板上已经连接在一起并引出到面板的 +24 V 接线端子;R,S 启停按钮及 A,B 限位开关的公共端在模拟实训板上也已短接到 COM 接线端子。接线过程中,应注意直流电源的正、负极性不能接错。

(2) 合上实训台电源前务必检查接线以确保接线无误。

(3) PLC 程序下载前确认 PLC 的供电电源已接到二次操作电源面板上的 A,N 接线端子。

【拓展与思考】

(1) 在前述控制要求的基础上,增加送料次数的统计功能,当送料 5 次后,运行自动停止。

(2) 用顺序继电器控制指令完成小车定向运动的控制,先画出顺序功能图,在计算机上按照顺序功能图编写梯形图程序,并在 PLC 及模拟实训板上调试运行成功。

(3) 将限位开关A,B作为装料和卸料完成的模拟信号按钮,系统运行后,小车在点A装料(L3亮),装料完成后(按下信号按钮A)小车向右行驶(L1亮),延时(5 s)到达点B(L4亮),卸料完成后(按信号按钮B)小车向左行驶(L2亮),延时(5 s)到达点A(L3亮)重新装料,如此循环工作。按停止按钮,系统停止工作。按此要求,用PLC基本指令或顺序继电器控制指令重新编写梯形图程序,并现场调试运行成功。

6.2 自动送料小车的顺序送料控制

【实训目的】

(1) 掌握顺序控制程序的设计方法,学会分析自动送料小车工艺流程并绘制其顺序功能图。

(2) 巩固掌握PLC程序的设计和编辑、调试方法。

【实训要求】

图6-2-1所示为自动送料小车顺序送料控制模拟实训板,要求完成自动送料装车控制,具体控制要求为:

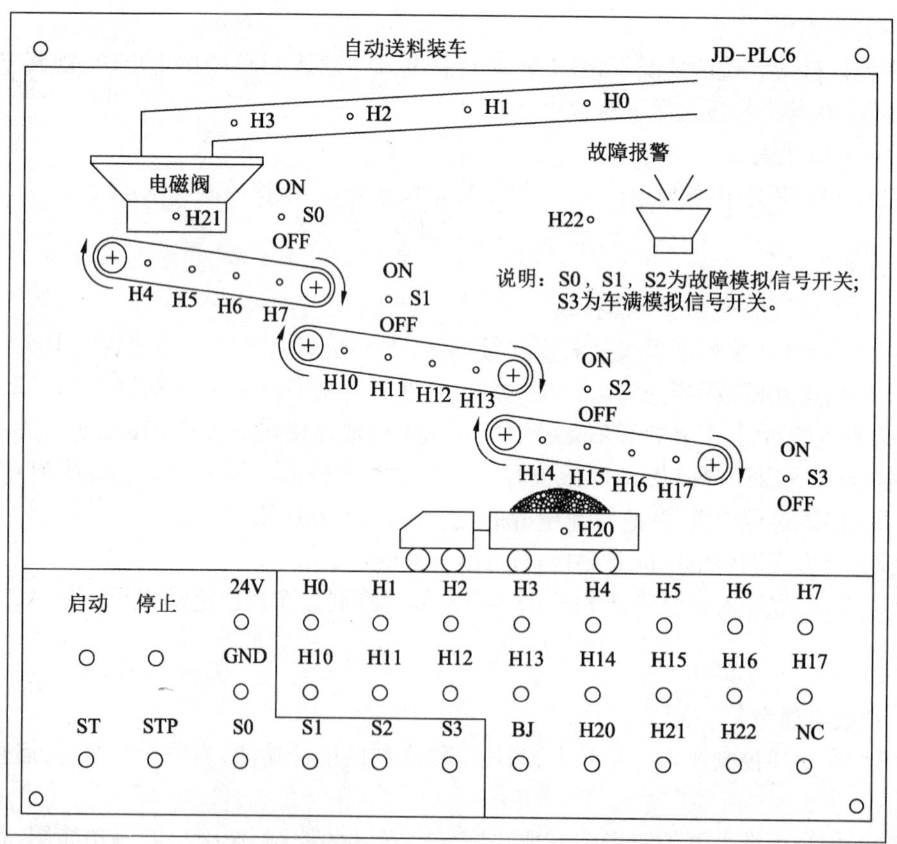

图6-2-1 自动送料小车顺序送料控制模拟实训板

（1）按下启动按钮后，自动送料装车系统启动，为避免物料在传送带上堆积，要求依次启动，即前级传送带落后于后级传送带，每级间隔30 s启动，顺序为第四级—第三级—第二级—第一级，第一级传送带开启的同时打开漏斗电磁阀H21。

（2）每一级传送带的转动方向均为顺时针方向，传送带上指示灯点亮，表示传送带正常运转。

（3）S3为车满模拟开关，S3闭合，小车装满，车满指示灯H20亮，等待车开走并重新装车。

（4）按下停止按钮，则漏斗电磁阀立即关闭，四级传送带由前往后依次停止，每级间延时30 s，顺序为第一级—第二级—第三级—第四级，以使物料能在传送带上清空。

（5）S0，S1，S2为模拟故障开关，任一开关闭合表示系统有故障，应使得系统停止工作，即漏斗电磁阀关闭，四级传送带依序停止，同时故障指示灯H22亮，蜂鸣器BJ响；故障解除后，系统自动复位，等待重新按下启动按钮开始自动送料装车工作。

【仪器设备】

（1）SIEMENS S7－200／CPU 226 PLC一台。

（2）自动送料装车模拟实训板一块。

【实训原理】

1. I/O的分配

依据控制要求，需使用PLC的6个输入点和8个输出点，I/O的分配如表6-2-1所示。

表6-2-1 I/O的分配

输入信号			输出信号		
代号	名称	输入继电器	代号	名称	输出继电器
ST	启动（常开）	I0.0	H0	一级传送带H0	Q0.0
STP	停止（自锁）	I0.1	H4	二级传送带H4	Q0.1
S0	故障开关（自锁）	I0.2	H10	三级传送带H10	Q0.2
S1	故障开关（自锁）	I0.3	H14	四级传送带H14	Q0.3
S2	故障开关（自锁）	I0.4	H20	车满指示灯H20	Q0.4
S3	车满开关（自锁）	I0.5	H21	漏斗电磁阀H21	Q0.5
			H22	故障灯	Q0.6
			BJ	报警蜂鸣器	Q0.7

2. 电气接线图

图6-2-2所示为自动送料小车系统电气接线图。

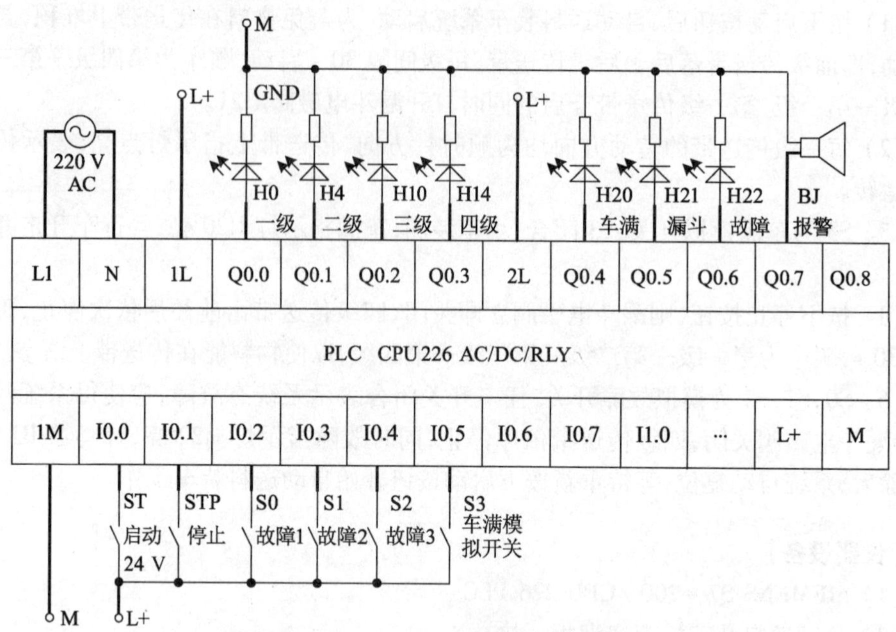

图 6-2-2 自动送料小车系统电气接线图

3. 顺序功能图

根据控制要求,分析自动送料小车顺序送料的工艺流程,设计绘制系统顺序功能图,如图 6-2-3 所示。顺序功能图分为 3 个并行分支:分支 1 为正常启动—上料—车满—停止;分支 2 为停止控制;分支 3 为故障处理。

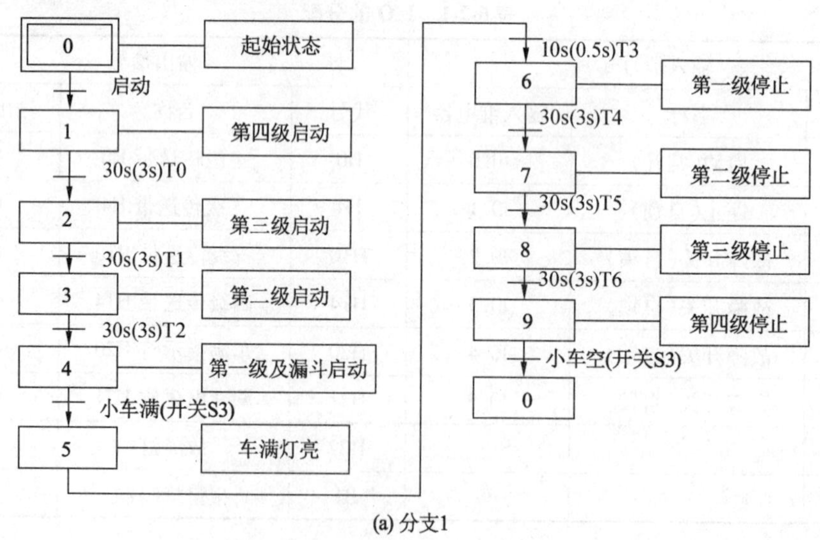

(a) 分支1

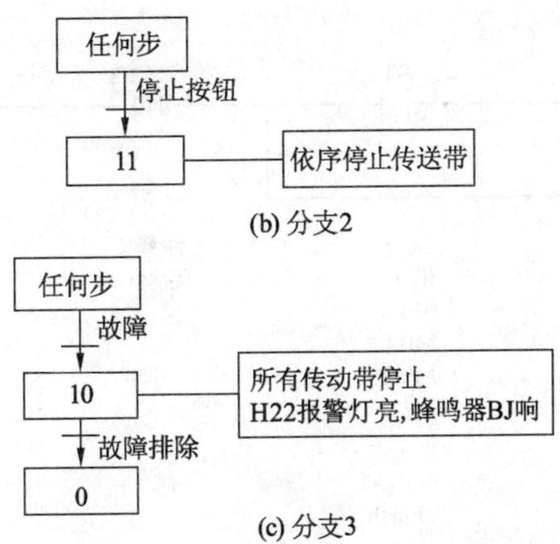

(b) 分支2

(c) 分支3

图 6-2-3　自动送料小车顺序功能图

4. 梯形图程序

图 6-2-4 所示为采用启保停方式编写的分支 1 的梯形图程序,为便于调试,例程中每级延时时间调整为 3 s。分支 2 和分支 3 的程序可按照顺序控制程序的设计方法自行完成。

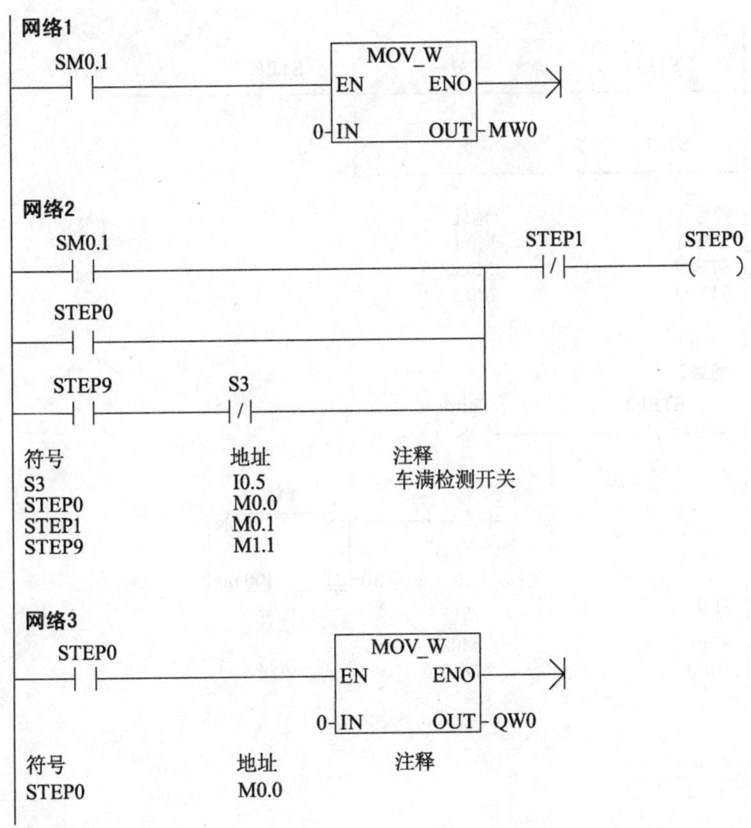

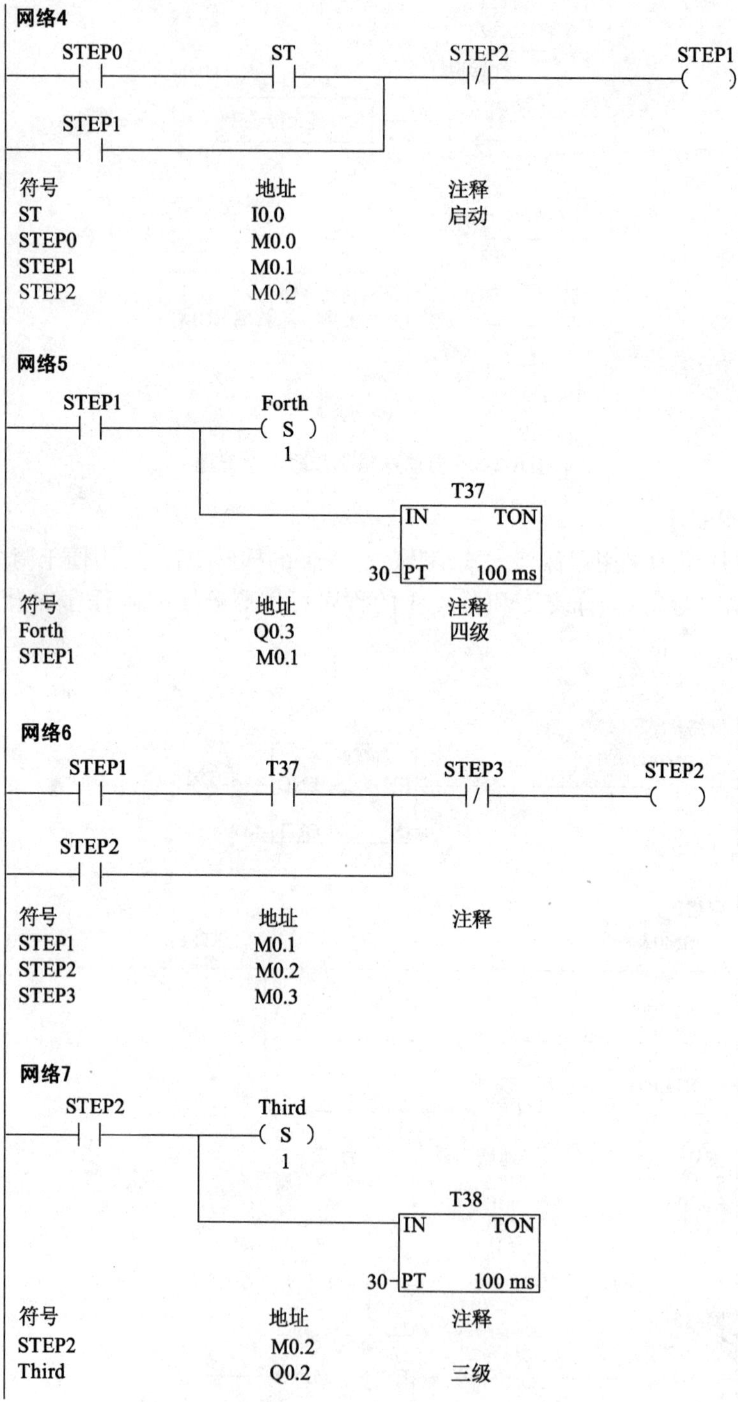
网络4
STEP0
ST
STEP2
STEP1
STEP1
符号 地址 注释
ST I0.0 启动
STEP0 M0.0
STEP1 M0.1
STEP2 M0.2
网络5
STEP1
Forth
S
1
T37
IN TON
30 PT 100 ms
符号 地址 注释
Forth Q0.3 四级
STEP1 M0.1
网络6
STEP1
T37
STEP3
STEP2
STEP2
符号 地址 注释
STEP1 M0.1
STEP2 M0.2
STEP3 M0.3
网络7
STEP2
Third
S
1
T38
IN TON
30 PT 100 ms
符号 地址 注释
STEP2 M0.2
Third Q0.2 三级

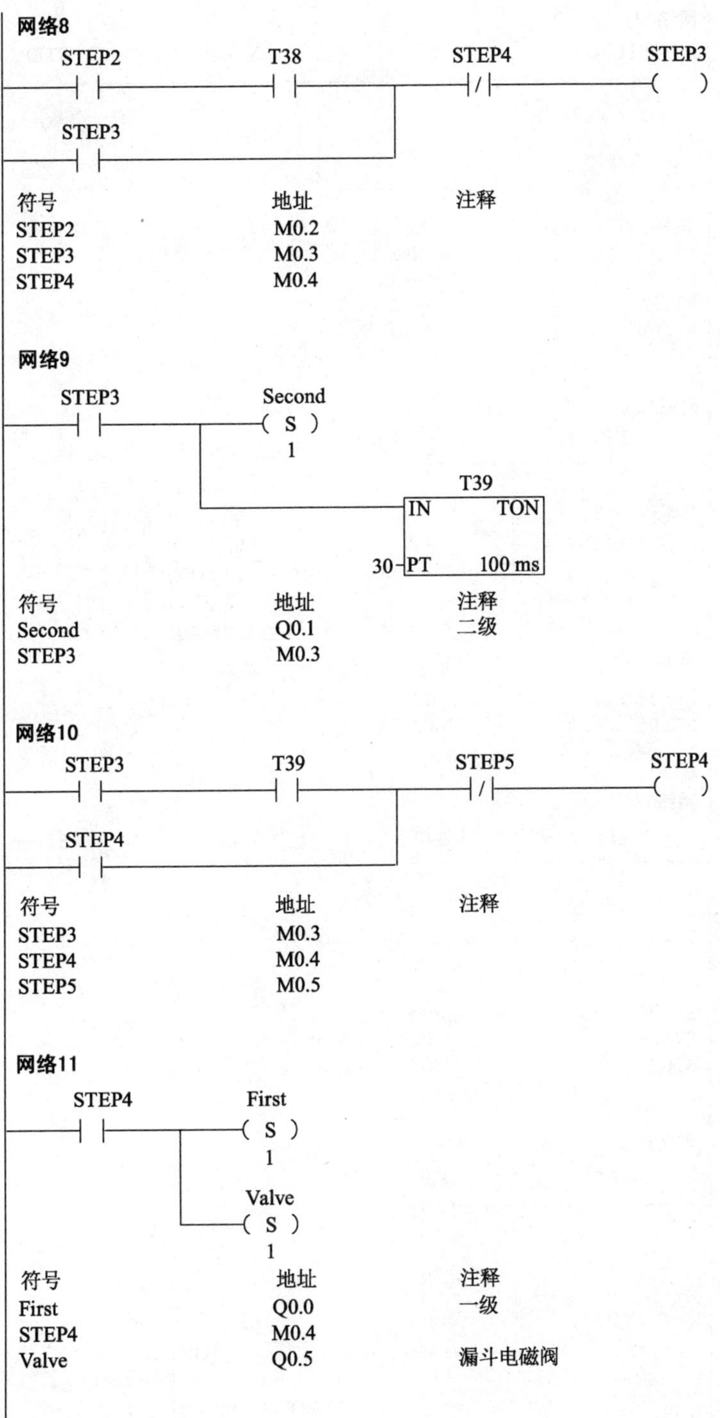
网络8
STEP2
T38
STEP4
STEP3
STEP3
符号 地址 注释
STEP2 M0.2
STEP3 M0.3
STEP4 M0.4
网络9
STEP3
Second
S
1
T39
IN TON
30 PT 100 ms
符号 地址 注释
Second Q0.1 二级
STEP3 M0.3
网络10
STEP3
T39
STEP5
STEP4
STEP4
符号 地址 注释
STEP3 M0.3
STEP4 M0.4
STEP5 M0.5
网络11
STEP4
First
S
1
Valve
S
1
符号 地址 注释
First Q0.0 一级
STEP4 M0.4
Valve Q0.5 漏斗电磁阀

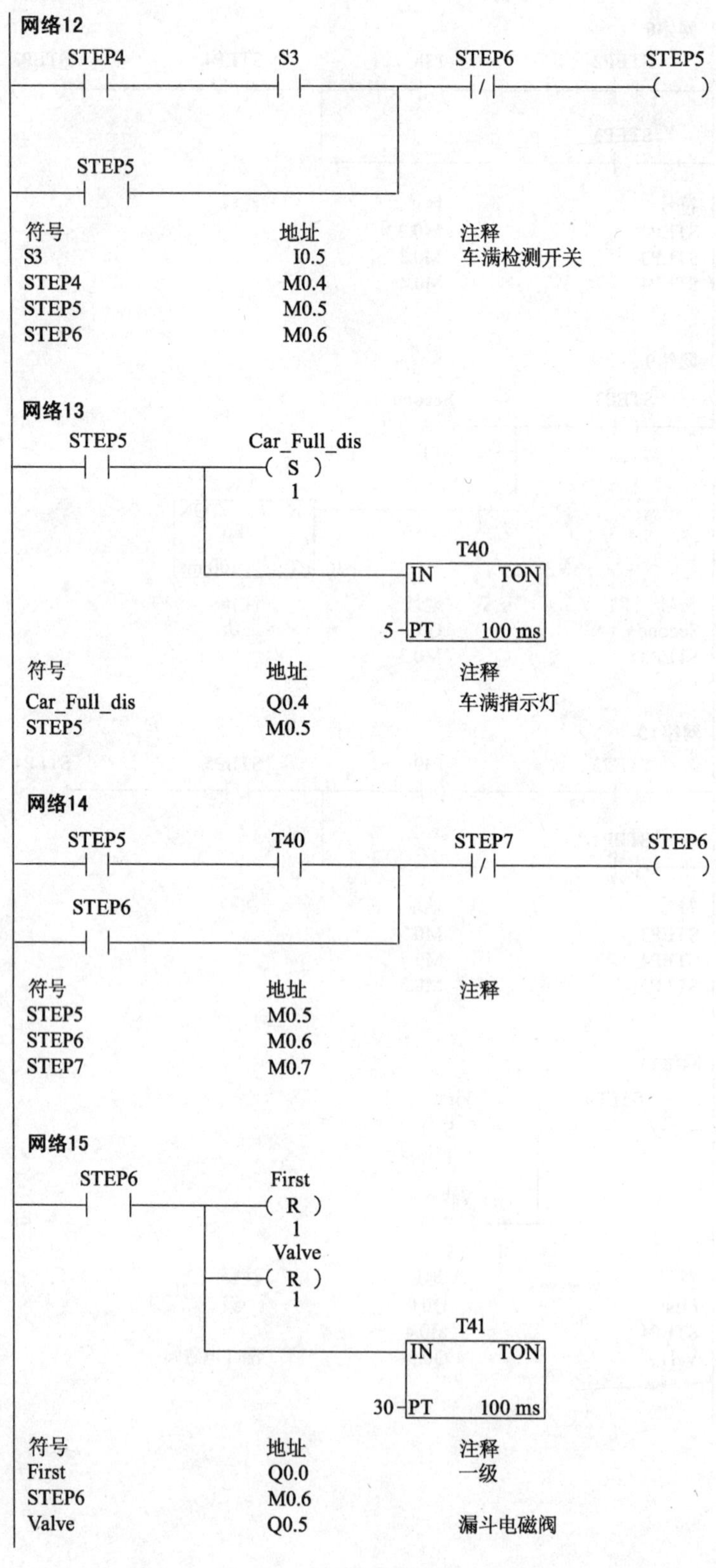

网络12

符号	地址	注释
S3	I0.5	车满检测开关
STEP4	M0.4	
STEP5	M0.5	
STEP6	M0.6	

网络13

符号	地址	注释
Car_Full_dis	Q0.4	车满指示灯
STEP5	M0.5	

网络14

符号	地址	注释
STEP5	M0.5	
STEP6	M0.6	
STEP7	M0.7	

网络15

符号	地址	注释
First	Q0.0	一级
STEP6	M0.6	
Valve	Q0.5	漏斗电磁阀

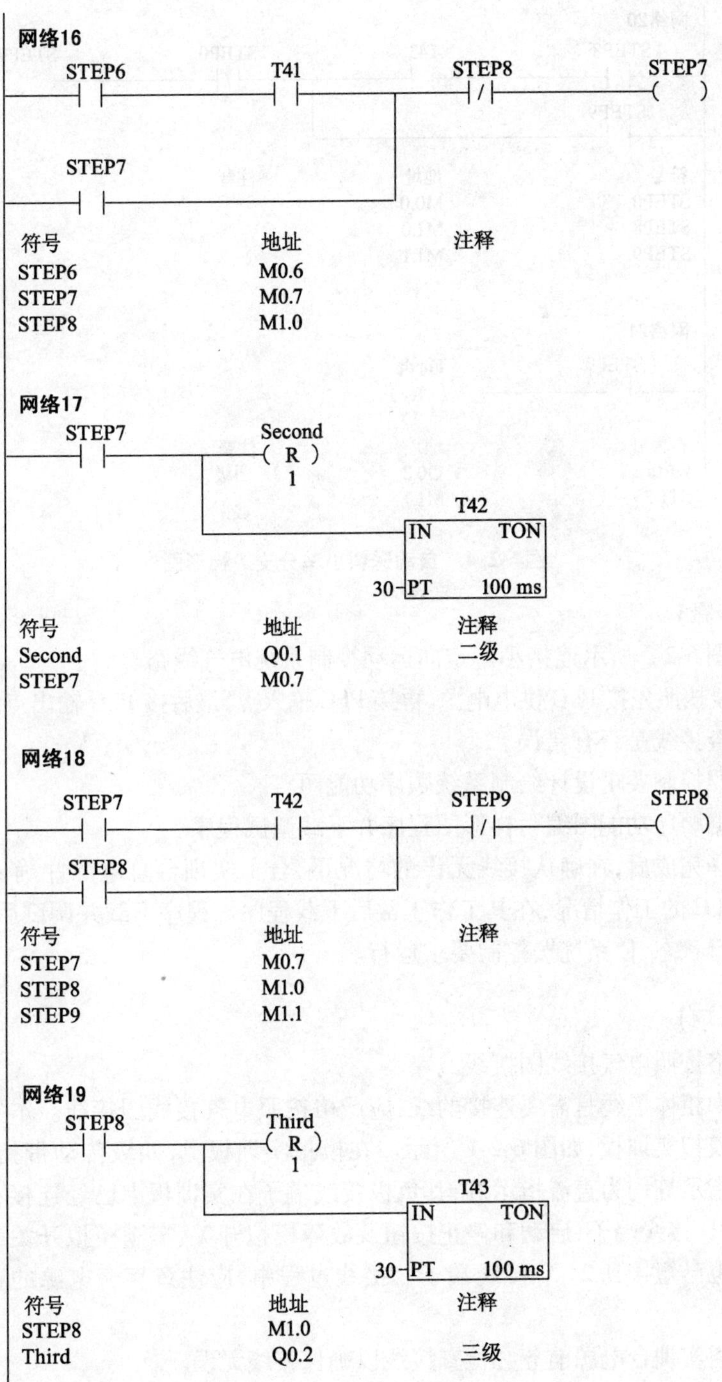
网络16
STEP6
T41
STEP8
STEP7
STEP7
符号 地址 注释
STEP6 M0.6
STEP7 M0.7
STEP8 M1.0
网络17
STEP7
Second
R
1
T42
IN TON
30 PT 100 ms
符号 地址 注释
Second Q0.1 二级
STEP7 M0.7
网络18
STEP7
T42
STEP9
STEP8
STEP8
符号 地址 注释
STEP7 M0.7
STEP8 M1.0
STEP9 M1.1
网络19
STEP8
Third
R
1
T43
IN TON
30 PT 100 ms
符号 地址 注释
STEP8 M1.0
Third Q0.2 三级

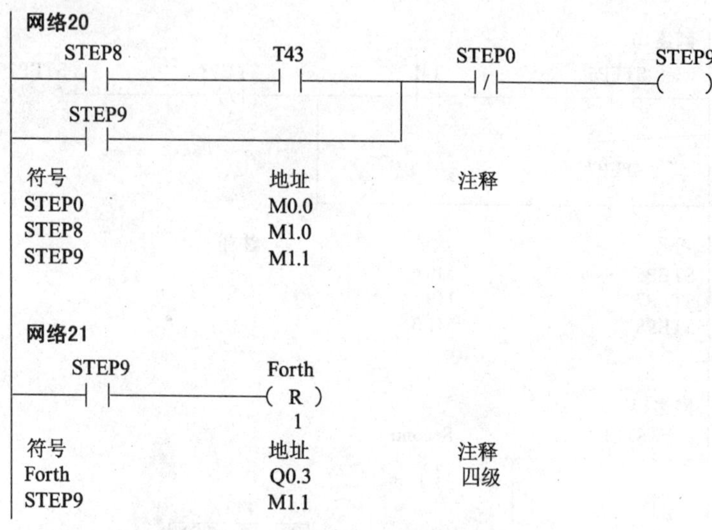

图 6-2-4 自动送料小车分支 1 梯形图

【操作步骤】

（1）按图 6-2-2 所示连接小车定向运动控制系统电气线路。

电气接线按照先接 PLC 供电电源，再接 PLC 输入点，最后接 PLC 输出点的步骤进行。

（2）检查接线是否有错误。

（3）按照控制要求设计绘制系统顺序功能图。

（4）依据顺序功能图编写梯形图程序并下载调试程序。

程序编译完成后，在确认接线无误的情况下，合上实训台总电源并确认 PLC 的供电电源，观察 PLC 的工作情况，在其工作正常后下载程序。程序下载并调试后，设置 PLC 程序状态为运行状态，使系统按控制要求运行。

【注意事项】

（1）严格按照电气接线图接线。

接线图中粗体黑线是需要连接的线，应严格按照电气接线图接线。本实训使用了自动送料装车模拟实训板，如图 6-2-1 所示。在模拟实训板上，四级传动带指示灯、车满指示灯及报警指示灯均为直流指示灯，其负极接线端子在实训板上已经连接在一起并引出到面板的 GND 接线端子；启动和停止按钮及故障模拟开关、车满模拟开关的公共端在模拟实训板上也已短接到 24 V 接线端子。接线过程中，应注意直流电源的正、负极性，不能接错。

（2）接通实训台电源前务必检查接线以确保接线无误。

（3）下载 PLC 程序前确认 PLC 的供电电源已接到二次操作电源面板上的 A，N 接线端子。

【拓展与思考】

（1）在前述控制要求基础上，每级传送带增加 3 个指示灯，要求启动每一级传送带时，传送带上的 4 个指示灯按顺时针方向顺序点亮；停止每级传动带时，4 个指示灯同时停止。

(2) 用移位控制指令完成梯形图程序的设计,在计算机上按照顺序功能图编写梯形图程序,并在 PLC 及模拟实训板上调试运行成功。

6.3　十字路口交通信号灯的控制

【实训目的】

(1) 巩固学习和应用 PLC 的基本指令。

(2) 掌握顺序控制程序的设计方法。

(3) 掌握 PLC 的输入、输出接线。

(4) 掌握 PLC 程序的设计和编辑、调试。

【实训要求】

利用 PLC 控制器实现十字路口交通灯的控制。如图 6-3-1 所示为十字路口交通信号灯设置示意图,十字路口的交通灯共有 12 个,同一方向的两组红、黄、绿灯的变化规律相同。十字路口的交通灯的控制就是实现南北向和东西向两组红、绿、黄灯的控制,具体控制要求如下:

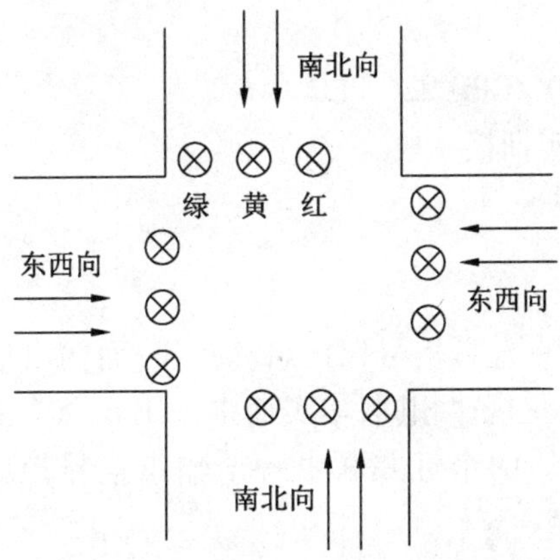

图 6-3-1　十字路口交通信号灯设置示意

当闭合启动按钮(带自锁按钮)后,交通信号灯系统按照表 6-3-1 所示的要求工作,图 6-3-2 所示为十字路口交通信号灯控制时序图,当带自锁的启动按钮关闭后,所有信号灯熄灭。

表 6-3-1　交通信号灯控制要求

东西	信号	绿灯亮	绿灯闪烁	黄灯亮	红灯亮		
	时间	25 s(5 s)	3 s	2 s	30 s(10 s)		
南北	信号	红灯亮			绿灯亮	绿灯闪烁	黄灯亮
	时间	30 s(10 s)			25 s(5 s)	3 s	2 s

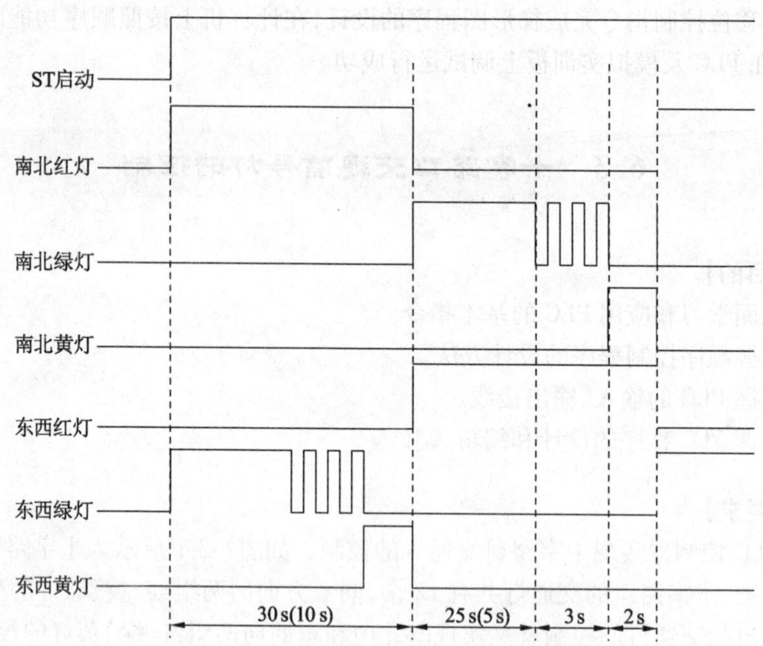

图 6-3-2　十字路口交通信号灯控制时序图

【仪器设备】

(1) SIEMENS S7 -200 /CPU 226 PLC 一台。

(2) 交通信号灯模拟实训板一块。

【实训原理】

1. I/O 的分配

依据控制要求,需使用一输入信号以接启动按钮;而输出信号可以是 12 个或 6 个信号,因与向红、黄、绿灯的变化规律相同,本实训中采用 6 个输出信号的方案,也就是同一方向、同一颜色、相同功率的两个灯并联由一个输出信号控制。I/O 的分配如表 6-3-2 所示。

表 6-3-2　I/O 的分配

输入信号			输出信号		
代号	名称	输入继电器	代号	名称	输出继电器
ST	启动(自锁)	I0.0	R1	南北红灯	Q0.0
			G1	南北绿灯	Q0.1
			Y1	南北黄灯	Q0.2
			R2	东西红灯	Q0.3
			G2	东西绿灯	Q0.4
			Y2	东西黄灯	Q0.5

2. 电气接线图

图 6-3-3 所示为交通信号灯控制系统电气接线图。

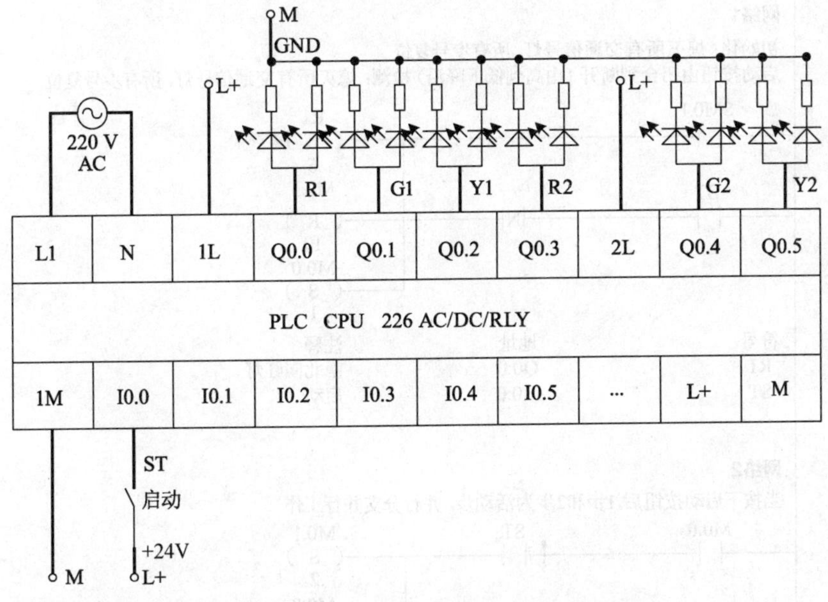

图 6-3-3 交通信号灯控制系统电气接线图

3. 顺序功能图

十字路口交通灯的顺序功能图是一个典型的并行分支结构,其顺序功能图如图 6-3-4 所示。

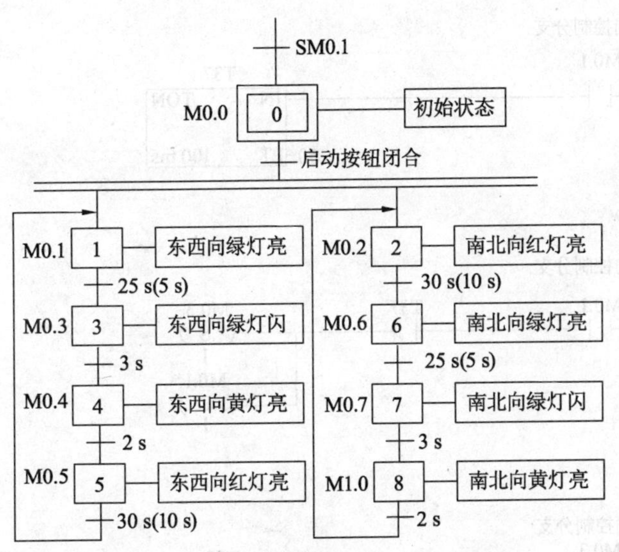

图 6-3-4 交通信号灯控制系统顺序功能图

4. 梯形图程序

图 6-3-5 所示为根据顺序功能图采用置位、复位方式编写的十字路口交通信号灯控制梯形图程序,为节约调试时间,例程中南北向、东西向红灯时间调整为 10 s,相应南北向

及东西向绿灯的时间调整为 5 s。在此梯形图程序中绿灯闪烁的实现是通过 SM0.5 秒脉冲特殊存储器实现。

网络1

初始化：熄灭所有交通信号灯，所有步号复位
启动按钮由闭合到断开（由高到低下降沿）检测：熄灭所有交通信号灯，所有步号复位

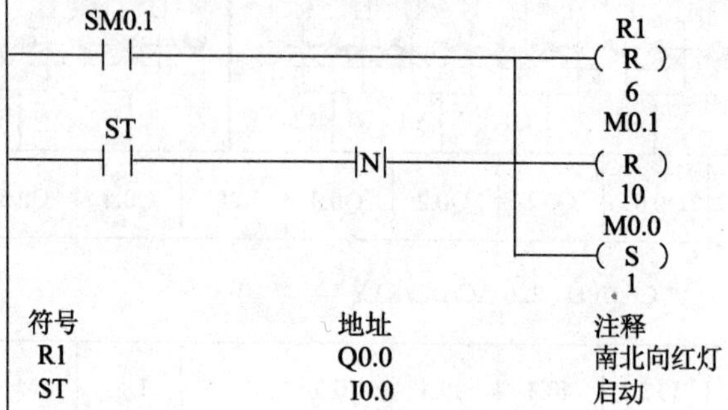

符号	地址	注释
R1	Q0.0	南北向红灯
ST	I0.0	启动

网络2

当按下启动按钮后，1步和2步为活动步，并行分支并行工作

M0.0　ST　M0.1 (S) 2　M0.0 (R) 1

符号	地址	注释
ST	I0.0	启动

网络3

东西向控制分支

M0.1　T37 IN TON　50-PT 100 ms

网络4

东西向控制分支

M0.1　T37　M0.3 (S) 1　M0.1 (R) 1

网络5

东西向控制分支

M0.3　T38 IN TON　30-PT 100 ms

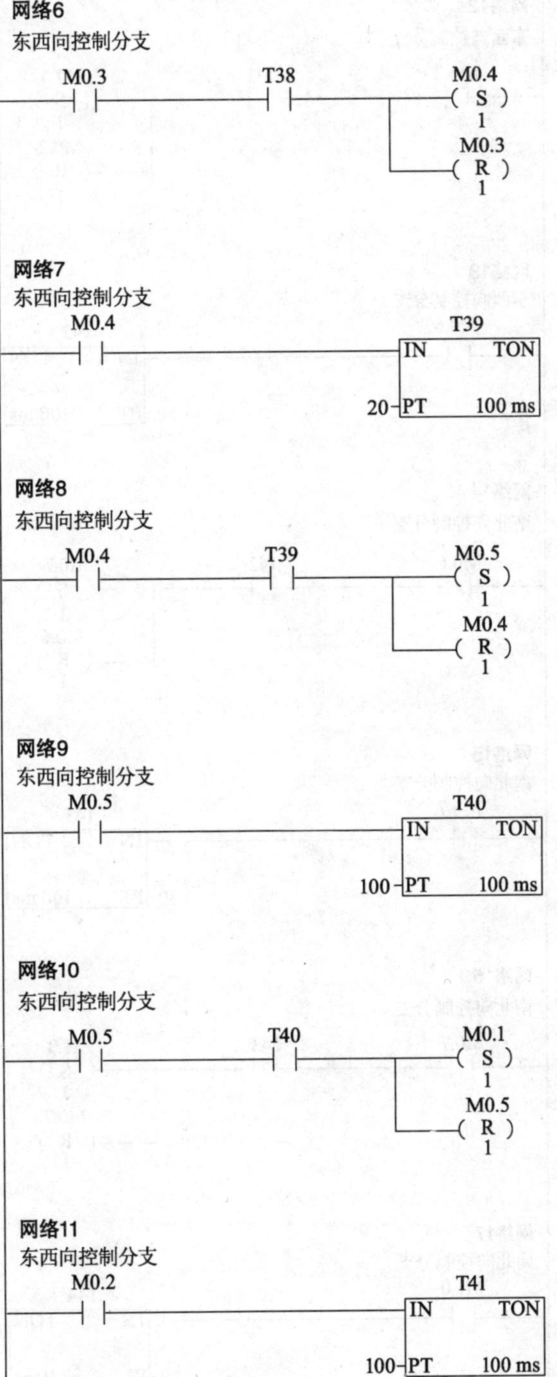
网络6
东西向控制分支
M0.3
T38
M0.4
S
1
M0.3
R
1
网络7
东西向控制分支
M0.4
T39
IN TON
20-PT 100 ms
网络8
东西向控制分支
M0.4
T39
M0.5
S
1
M0.4
R
1
网络9
东西向控制分支
M0.5
T40
IN TON
100-PT 100 ms
网络10
东西向控制分支
M0.5
T40
M0.1
S
1
M0.5
R
1
网络11
东西向控制分支
M0.2
T41
IN TON
100-PT 100 ms

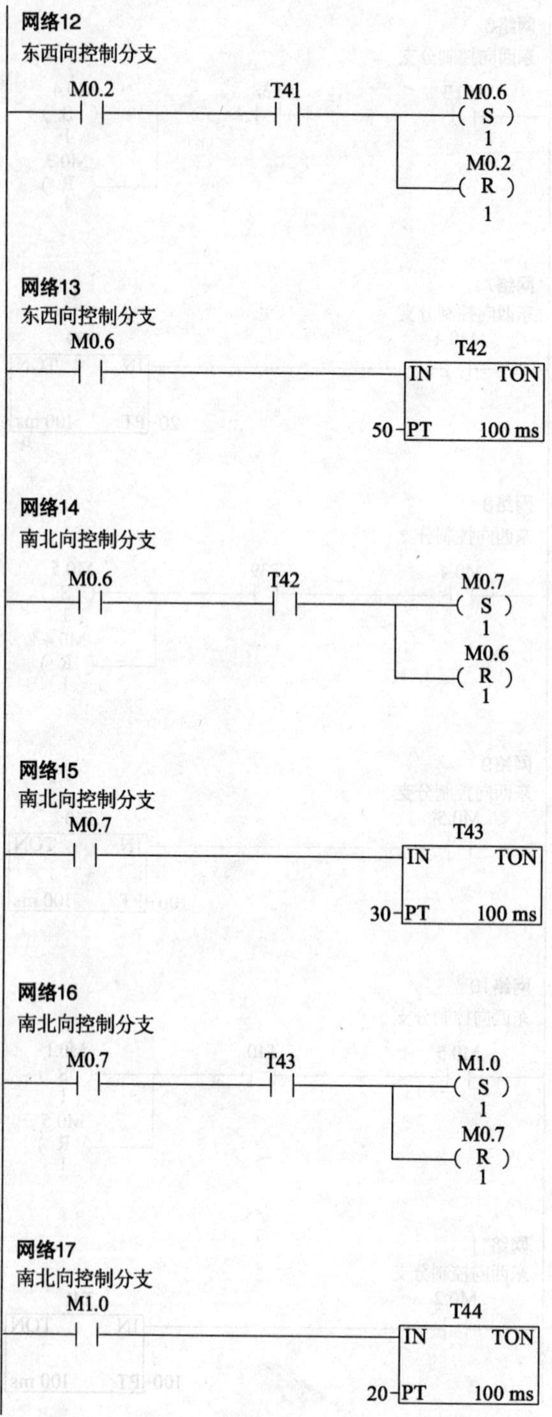
网络12
东西向控制分支
M0.2
T41
M0.6
S
1
M0.2
R
1
网络13
东西向控制分支
M0.6
T42
IN TON
50 PT 100 ms
网络14
南北向控制分支
M0.6
T42
M0.7
S
1
M0.6
R
1
网络15
南北向控制分支
M0.7
T43
IN TON
30 PT 100 ms
网络16
南北向控制分支
M0.7
T43
M1.0
S
1
M0.7
R
1
网络17
南北向控制分支
M1.0
T44
IN TON
20 PT 100 ms

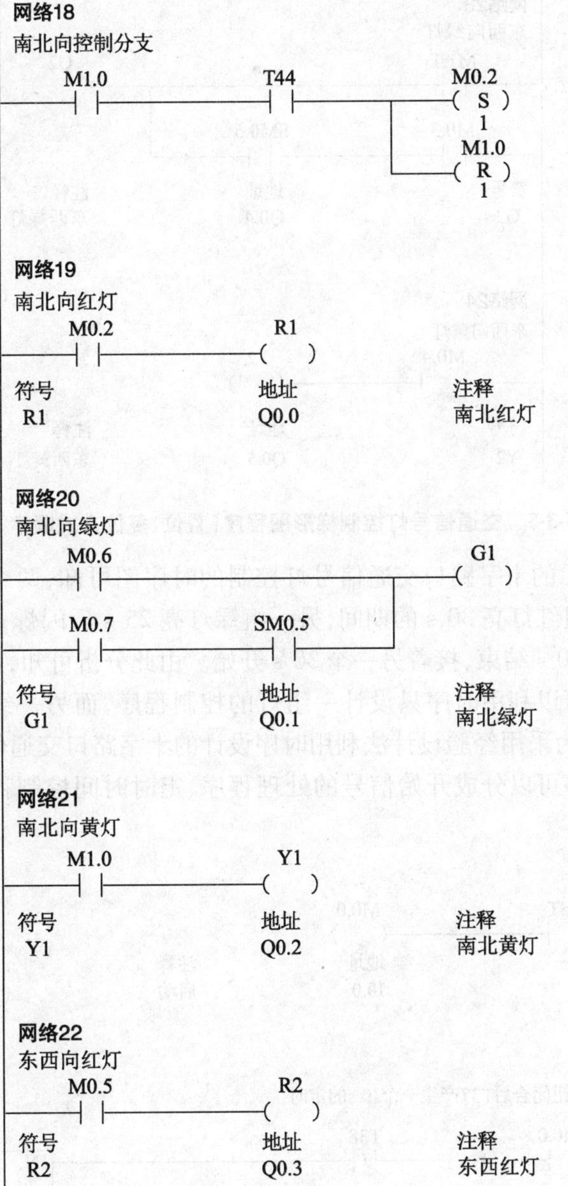
网络18
南北向控制分支
M1.0
T44
M0.2
S
1
M1.0
R
1
网络19
南北向红灯
M0.2
R1
符号
R1
地址
Q0.0
注释
南北红灯
网络20
南北向绿灯
M0.6
G1
M0.7
SM0.5
符号
G1
地址
Q0.1
注释
南北绿灯
网络21
南北向黄灯
M1.0
Y1
符号
Y1
地址
Q0.2
注释
南北黄灯
网络22
东西向红灯
M0.5
R2
符号
R2
地址
Q0.3
注释
东西红灯

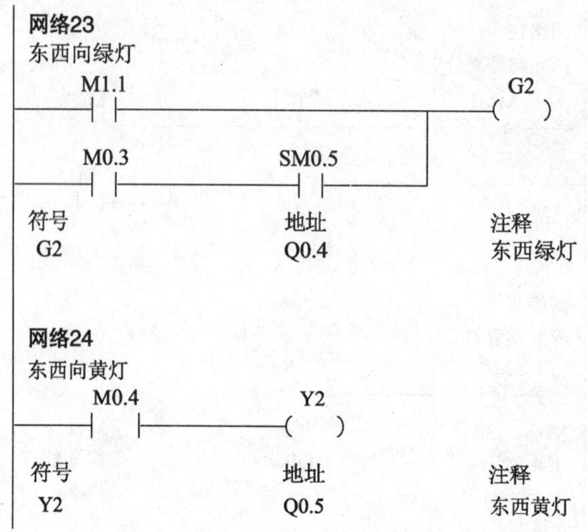

图6-3-5　交通信号灯控制梯形图程序(置位、复位方式顺序控制)

由图6-3-2所示的十字路口交通信号灯控制的时序图可知,两个方向的红、黄、绿灯的时序相同,在一组红灯亮30 s的期间,另一组绿灯亮25 s后闪烁3 s,接着黄灯亮2 s,黄灯熄灭后,一个30 s结束,接着另一个30 s开始。由此分析可知,这是一个按时间原则进行的顺序控制,可以利用时序只设计一组灯的控制程序,而另一组灯的程序套用此程序。图6-3-6所示为采用经验设计法利用时序设计的十字路口交通信号灯控制梯形图方案。此方案中,程序可以分成开始信号的处理程序、定时时间控制程序和信号灯的控制程序三部分。

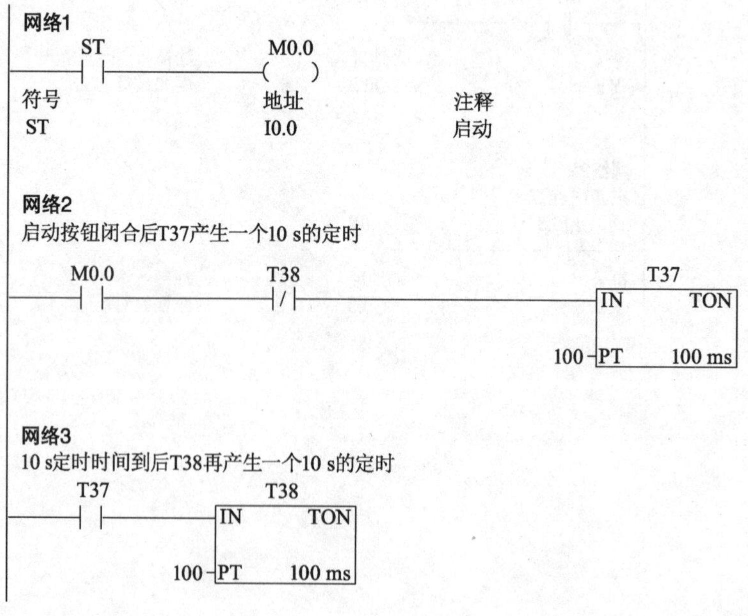

网络4

东西向红灯控制，红灯亮的同时启动5 s的定时器用于控制南北向绿灯亮

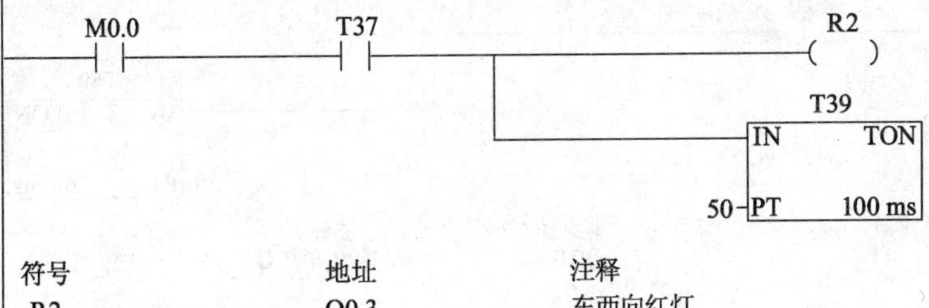

符号	地址	注释
R2	Q0.3	东西向红灯

网络5

5 s定时到后启动3 s定时用于控制南北向绿灯闪烁

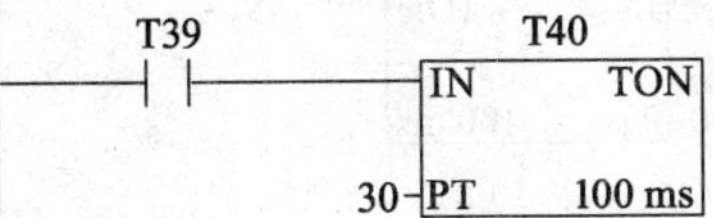

网络6

3 s定时到后启动2 s定时用于控制南北向黄灯亮

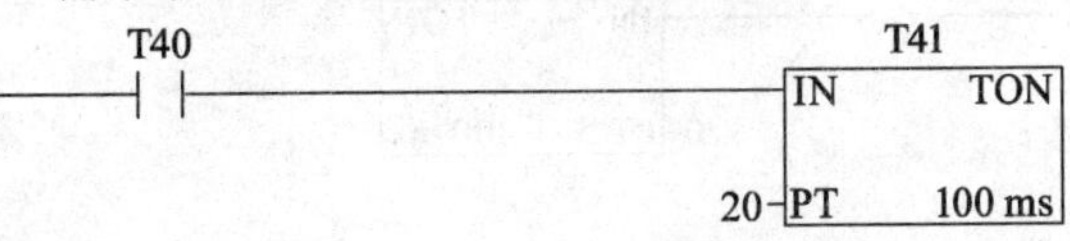

网络7

南北向绿灯控制

东西红灯亮时5 s定时未到时，南北绿灯亮

东西红灯亮时3 s定时未到时，南北绿灯闪烁

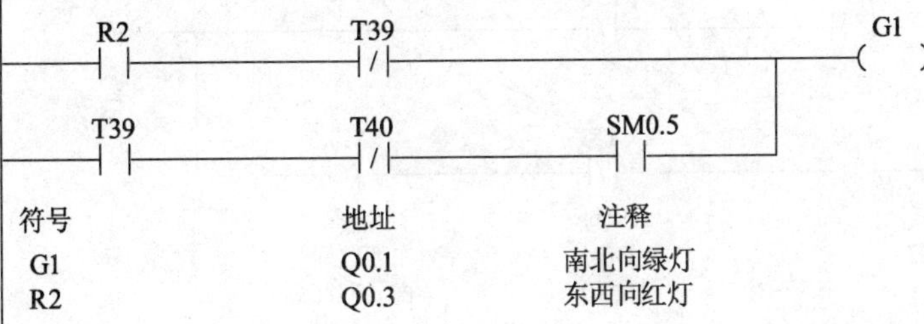

符号	地址	注释
G1	Q0.1	南北向绿灯
R2	Q0.3	东西向红灯

网络8

南北向黄灯控制

3 s定时时间到但2 s定时时间未到时，南北向黄灯亮

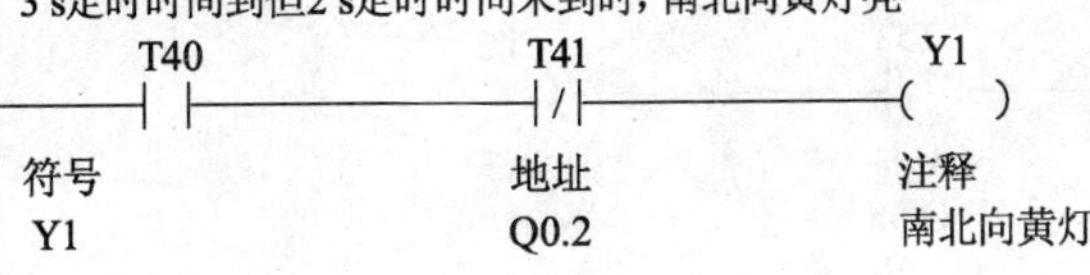

符号	地址	注释
Y1	Q0.2	南北向黄灯

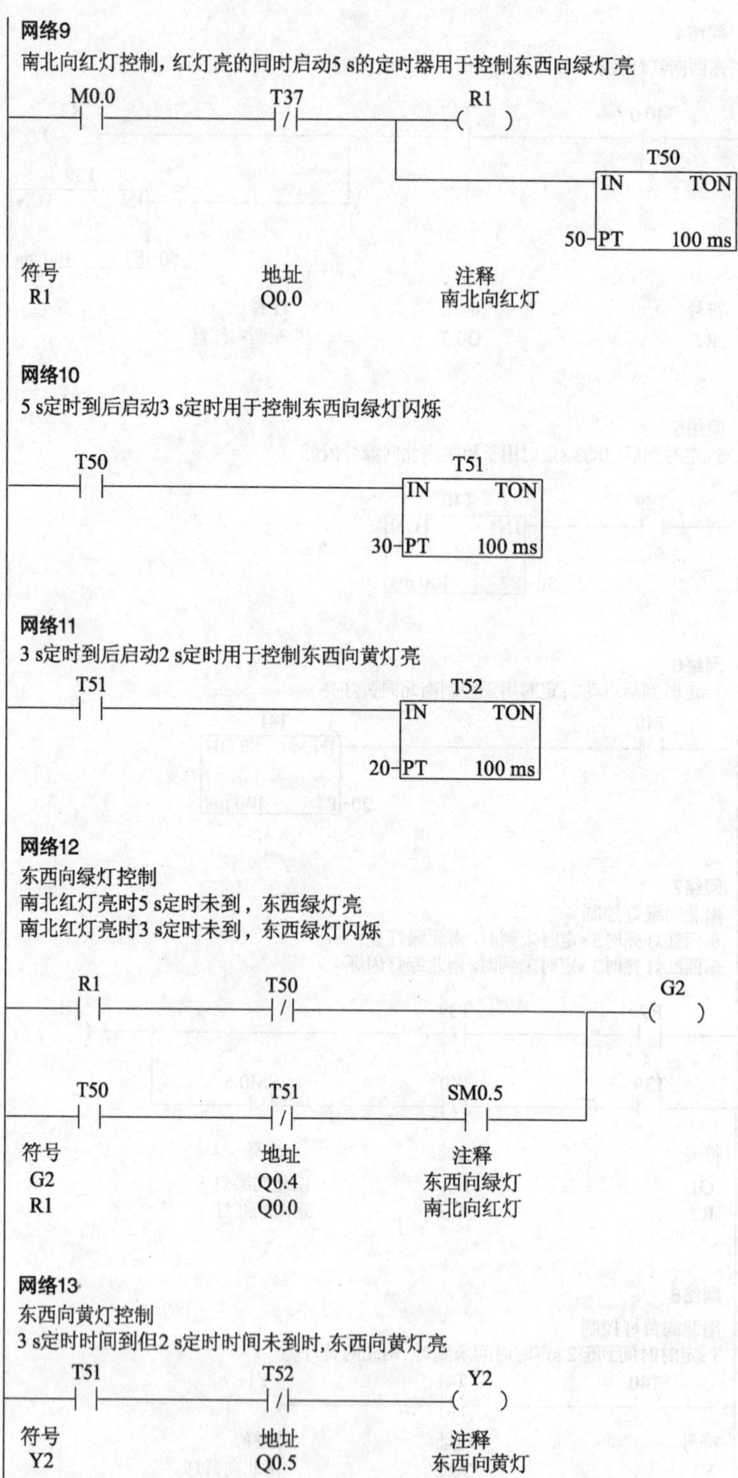

图 6-3-6　交通信号灯控制梯形图程序(按时序经验设计法实现)

网络 1 为开始信号的处理,本实训中使用的启动按钮 ST 是带自锁的按钮,当启动按钮闭合后，M0.0 始终为 1，这是交通灯工作的条件。

网络 2 和网络 3 为定时时间控制程序，因南北向和东西向红灯交替亮 30 s，为节约调试时间，例程中 30 s 改为 10 s，使用 T37，T38 两个定时器产生一个如图 6-3-7 所示的周期脉冲信号。由网络 2 可知，当 M0.0 为 1 时，定时器 T37 开始定时，其状态位为 0，当定时时间 10 s 到时，T37 状态位为 1，网络 3 中的定时器 T38 开始定时，10 s 时间到后，网络 2 中的 T38 常闭触点软元件断开 T37，使 T37 状态位为 0。因此，可以利用 T37 为 1 时，控制一个方向的红灯亮，而 T37 为 0 时则控制另一个方向的红灯亮。

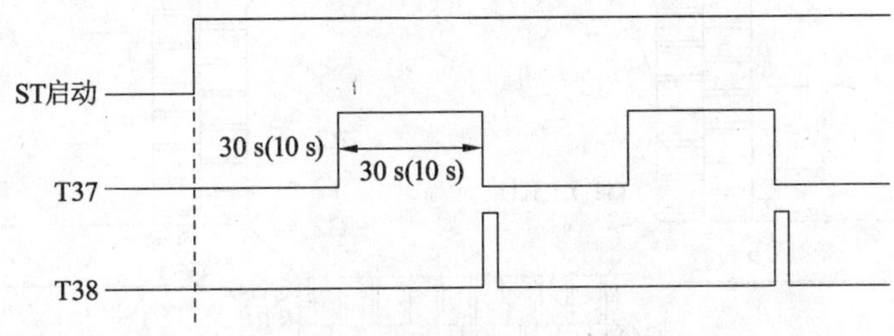

图 6-3-7　10 s 周期脉冲信号

网络 4 到网络 8 利用 T37 为 1 时，控制东西向红灯亮及南北向绿灯和黄灯的亮灭；网络 9 到网络 13 利用 T37 为 0 时，控制南北向红灯亮及东西向的绿灯及黄灯的亮灭。

【操作步骤】

(1) 按图 6-3-3 所示连接十字路口交通灯控制系统电气线路。

电气接线按照先接 PLC 供电电源，再接 PLC 输入点，最后接 PLC 输出点的步骤进行。

(2) 检查接线是否有错误。

(3) 按照控制要求设计绘制系统顺序功能图。

(4) 依据顺序功能图编写梯形图程序并下载调试程序。

程序编译完成后，在确认接线无误的情况下，合上实训台总电源并确认 PLC 的供电电源，观察 PLC 的工作情况，在其工作正常后下载程序。程序下载并调试后，设置 PLC 程序状态为运行状态，使系统按控制要求运行。

【注意事项】

(1) 严格按照电气接线图接线。

接线图中粗体黑线是需要连接的线，应严格按照电气接线图接线。本实训使用了交通信号灯模拟实训板，如图 6-3-8 所示。在模拟实训板上，南北向的两个红灯、两个绿灯、两个黄灯正极接线端子已经短接到 R1，G1，Y1 接线端子；东西向的两个红灯、两个绿灯、两个黄灯的正极接线端子短接到面板上的 R2，G2，Y2 接线端子；所有交通灯的负极接线端子在实训板上已经连接在一起并引出到面板的 GND 接线端子；启动按钮一端引到面板的 ST 接线端子，另一端短接到模拟实训板上 +24 V 接线端子。在接线过程中，应注意直流电源的正、负极性，不能接错。

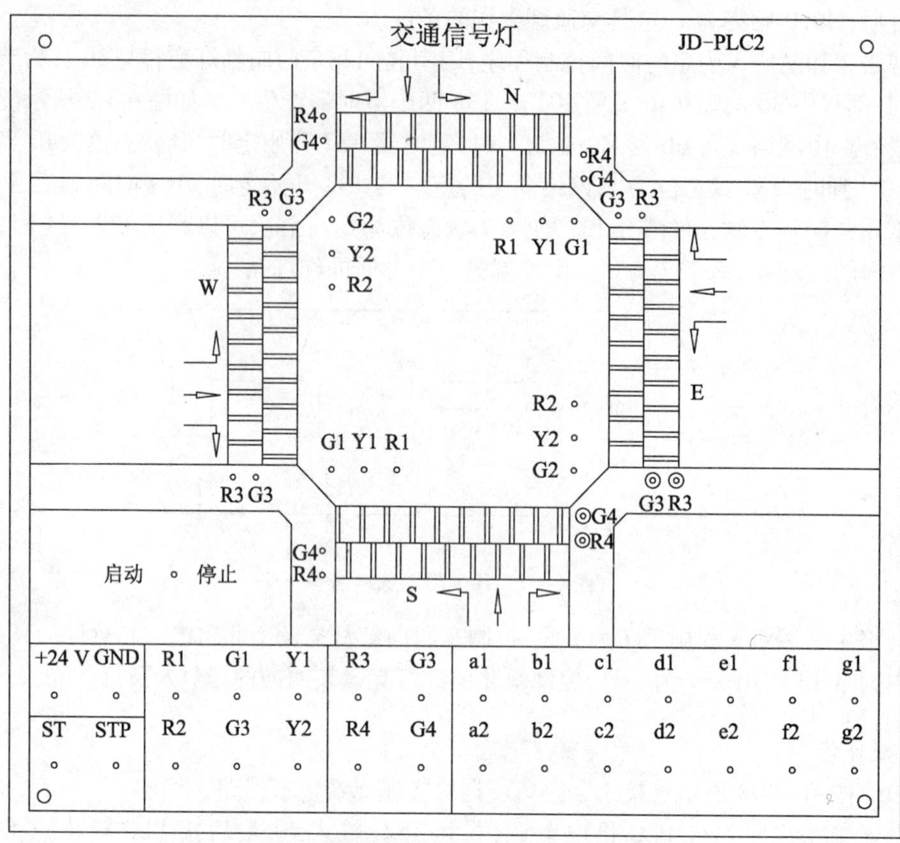

图 6-3-8 交通信号灯模拟实训板示意图

(2) 合上实训台电源前务必检查接线以确保接线无误。

(3) 下载 PLC 程序前确认 PLC 的供电电源已接到二次操作电源面板上的 A,N 接线端子。

【拓展与思考】

如图 6-3-8 所示,交通信号灯模拟实训板上自带南北向及东西向人行道的指示灯,设计电气接线,增加人行道交通信号灯的控制,编写梯形图控制程序并进行调试。

6.4 装配流水线的控制

【实训目的】

(1) 熟悉 S7-200 系列 PLC 的 I/O 连接。

(2) 通过装配流水线的 PLC 控制进一步熟悉 PLC 指令。

【实训要求】

图 6-4-1 所示为装配流水线控制模拟实训板,按下启动按钮后,流水线开始工作。具体控制要求如下:

（1）启动按钮 ST 闭合，流水线循环工作开始，第一批工件开始装配，3 个工位的 busy 灯（工位忙指示）同时亮。

（2）若分别按下 1 结束、2 结束、3 结束按钮，说明相应工位装配结束，相应的 JS1，JS2，JS3（结束指示）灯亮，提示本工位装配结束，同时对应工位的 busy 灯（工位忙指示）熄灭。若 JS1，JS2，JS3 灯都点亮，则说明 3 个工位装配工作全部结束，流水线开始动作，RUN 灯每隔 5 s 依次闪烁一次（N－U－R），R 灯一直亮直至 SQ1 按下。

（3）SQ1 按下，说明第一批工件装配完成并等待入库，同时流水线到位，3 个工位的 busy 灯同时点亮，开始进行装配第二批工件；IN 灯点亮延时 2 s，表示第一批工件入库，再经过 5 s 后 IN 灯灭，说明入库完成。

（4）若 N 或 U 灯亮时 SQ1 置于"ON"状态，说明发生故障，则 HL 灯亮表示报警。

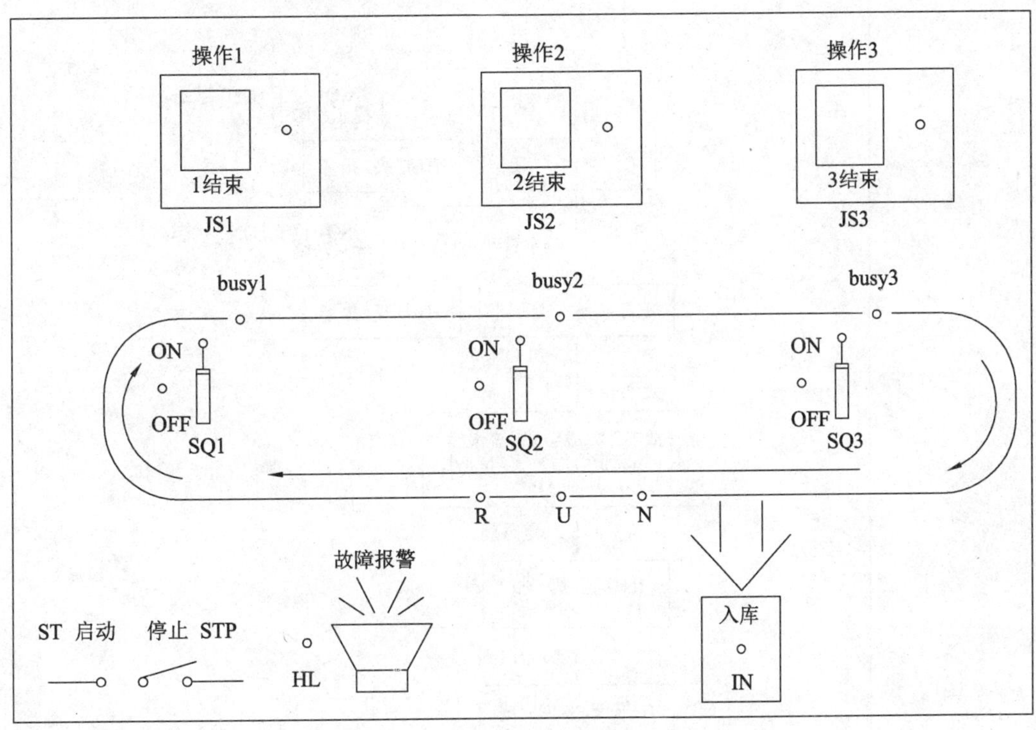

图 6-4-1　装配流水线控制系统模拟实训板

根据实训要求，可以绘出如图 6-4-2 所示的控制系统的工艺流程图。

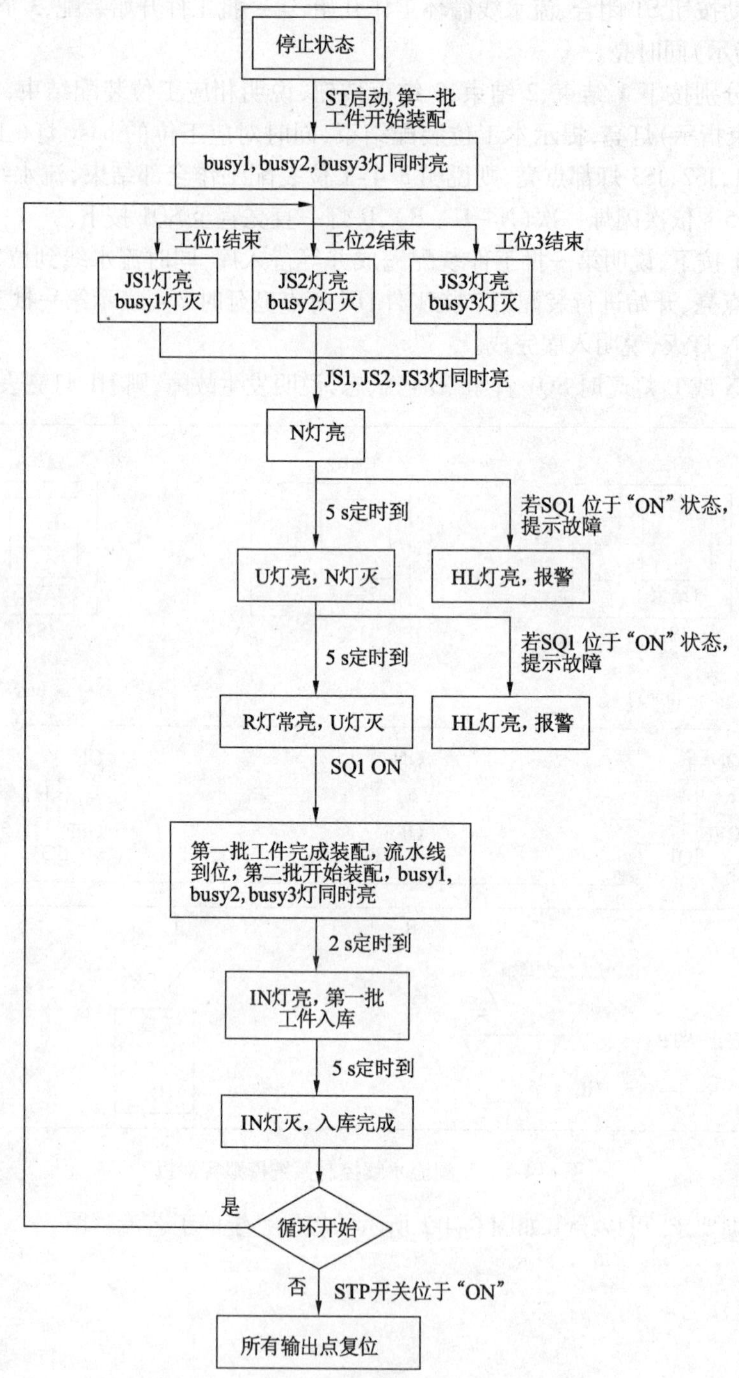

图 6-4-2 装配流水线控制系统的工艺流程图

【实训设备】

(1) SIEMENS S7-200/CPU 226 PLC 一台。

(2) 装配流水线模拟实训板一块。

【实训原理】

1. I/O 的分配

根据控制要求,需使用 PLC 的 6 个输入点和 11 个输出点,I/O 的分配如表 6-4-1 所示。

表 6-4-1　I/O 的分配

输入信号			输出信号		
代号	名称	输入继电器	代号	名称	输出继电器
ST	启动	I0.0	busy1	工位 1 忙	Q0.0
STP	停止	I0.1	busy2	工位 2 忙	Q0.1
JS1	工位 1 结束	I0.2	busy3	工位 3 忙	Q0.2
JS2	工位 2 结束	I0.3	N	流水线动作	Q0.3
JS3	工位 3 结束	I0.4	U	流水线动作	Q0.4
SQ1	到位行程开关	I0.5	R	流水线动作	Q0.5
			IN	入库	Q0.6
			JS1	工位 1 结束	Q0.7
			JS2	工位 2 结束	Q1.0
			JS3	工位 3 结束	Q1.1
			HL	报警	Q1.2

2. 电气接线图

图 6-4-3 所示为装配流水线控制系统电气接线图。

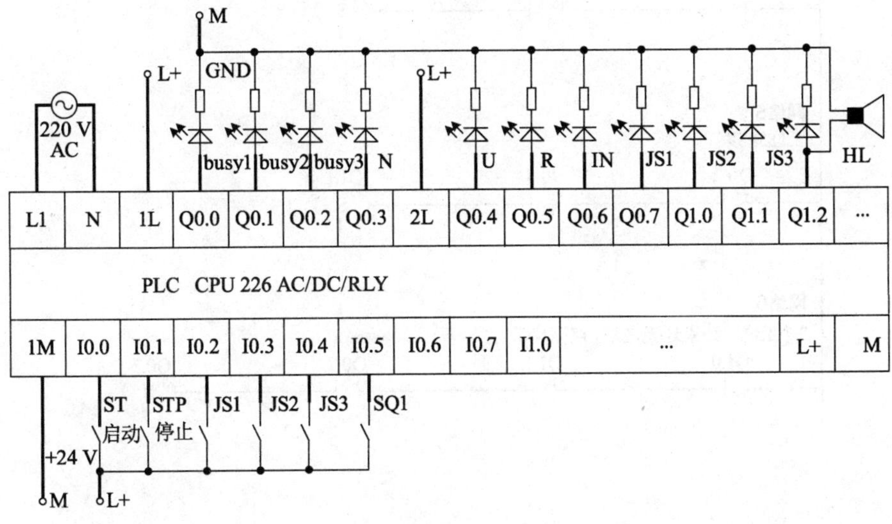

图 6-4-3　装配流水线控制系统电气接线图

3. 梯形图程序

梯形图程序设计采用经验设计法,不加故障报警的梯形图程序参考如图 6-4-4 所示。

网络1

ST启动，第一批工件开始装配，3个busy灯亮

I0.0 —| |— Q0.7 —|/|— (Q0.0)
Q1.0 —|/|— (Q0.1)
Q1.1 —|/|— (Q0.2)

网络2

停止状态，复位所有输出点

I0.1 —| |— Q0.0 (R) 16
T37 (R) 4
M0.1 (R) 1

网络3

工位1结束

Q0.0 —| |— I0.2 —| |— Q0.7 (R) 1

网络4

工位2结束

Q0.1 —| |— I0.3 —| |— Q1.0 (S) 1

网络5

工位3结束

Q0.2 —| |— I0.4 —| |— Q1.1 (S) 1

网络6

3个工位的结束灯亮之后，点亮N灯

Q1.0 —| |— Q1.1 —| |— Q0.7 —| |— Q0.3 (S) 1

网络7

N灯亮同时启动5 s定时

Q0.3　T37　IN　TON　50-PT　100 ms

网络8

5 s定时到，灭N灯，亮U灯

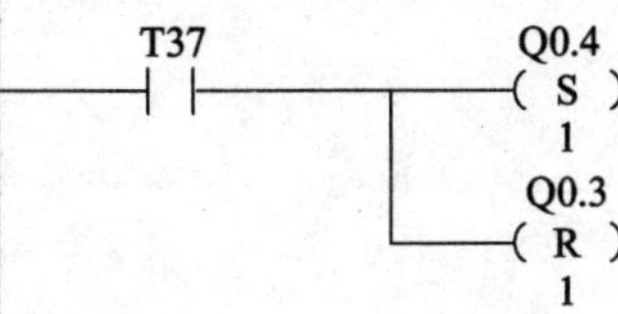

网络9

U灯亮同时启动5 s定时

Q0.4　T38　IN　TON　50-PT　100 ms

网络10

5 s定时到，灭U灯，亮R灯

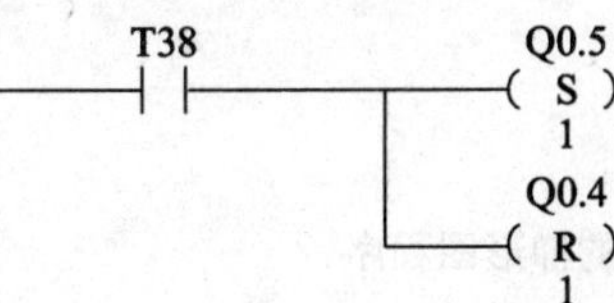

网络11

到位行程开关开，灭3个结束灯，再次点亮3个busy灯，同时启动2 s定时

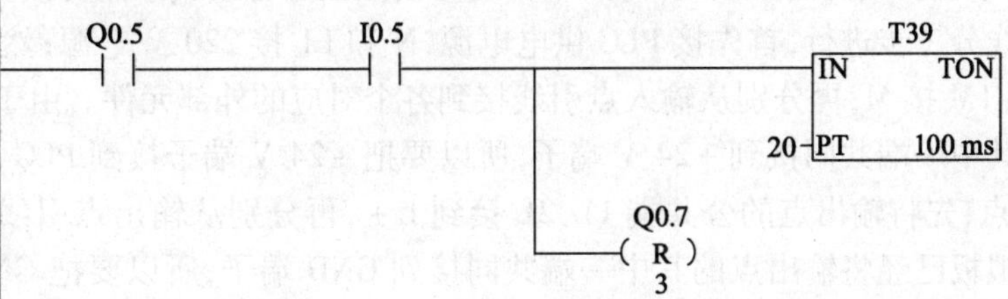

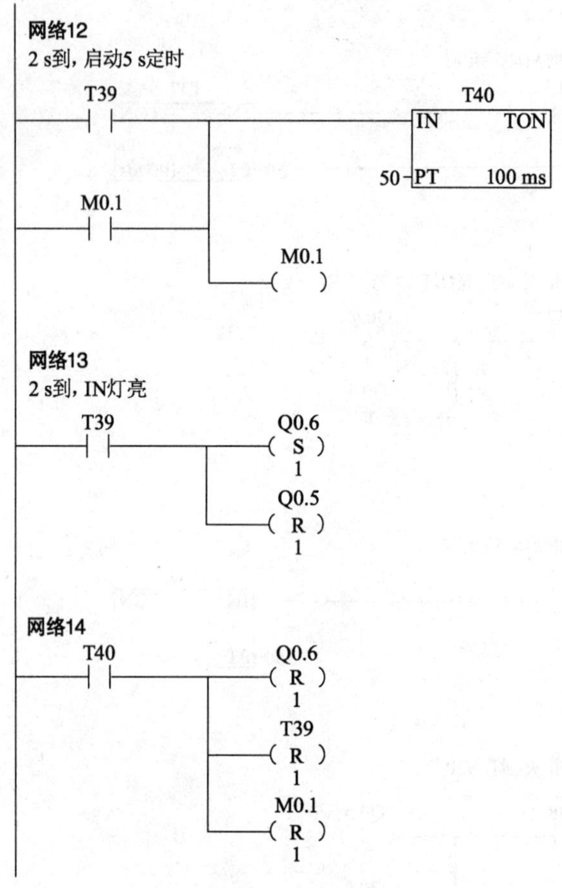

图 6-4-4 不加故障报警的梯形图程序

【操作步骤】

(1) 按图 6-4-3 所示连接装配流水线控制系统电气线路。

注意:图中粗实线为需要接线部分,细实线为模拟板已有接线不需再接。

电气接线分三步进行,首先接 PLC 供电电源,N 和 L1 接 220 V 电源;然后接 PLC 输入点,公共端 1M 接 M,再分别从输入点引线接到各个对应的外部元件。由于模拟板已将输入元件的其中一端共同接到 +24 V 端子,所以要把 +24 V 端子接到 PLC 的 L +;最后接 PLC 输出点,先将输出点的公共端 1L,2L 接到 L +,再分别从输出点引线接对应的元件。由于模拟板已经将输出点的其中一端共同接到 GND 端子,所以要把 GND 端子接到 PLC 的 M 端。

(2) 检查接线是否有误。

(3) 按照控制要求编写梯形图程序。

(4) 下载程序。

在确认接线无误的情况下,合上实训台总电源(位于实训台靠近电脑一侧的侧面)并确认 PLC 的供电电源,首先建立在线连接,然后在 PLC 工作正常后下载程序。

(5) 调试程序。

设置 PLC 程序状态为运行状态,按下启动按钮后,系统按控制要求运行。

【注意事项】

(1) 严格按照电气接线图接线。

由于PLC的输入和输出端子均采用直流电供电,所以在接线过程中,需注意直流电源的正、负极性,不能接错。例如,输出点所接元件为发光二极管,若极性接错,则二极管不能正常工作。

(2) 闭合实训台电源前务必确定接线无误。

(3) 下载PLC程序前确认PLC的供电电源已接到二次操作电源面板上的A,N接线端子。

【拓展与思考】

(1) 除了采用经验设计法,该控制系统还可以采用顺序控制法进行编程。首先根据系统工艺流程图和地址表画出顺序控制流程图,然后将顺序控制流程图转换成梯形图即可。

(2) 在装配流水线模拟控制板上,还安装有两位的数码显示管,在定时控制中可以采用数码显示定时时间。思考:若采用数码显示,应该如何修改电气接线图和编写梯形图?

6.5 分拣机械手的控制

【实训目的】

(1) 熟悉S7-200系列PLC的I/O连接。

(2) 通过分拣机械手的PLC控制熟悉顺序控制法的设计方法。

【实训要求】

图6-5-1所示为分拣机械手控制系统模拟实训板。系统功能为:通过一个机械手将大球和小球从左侧位置取出,然后移动到上方位置,最后向右移动一段距离将球放入到下方对应的大球球筐和小球球筐。

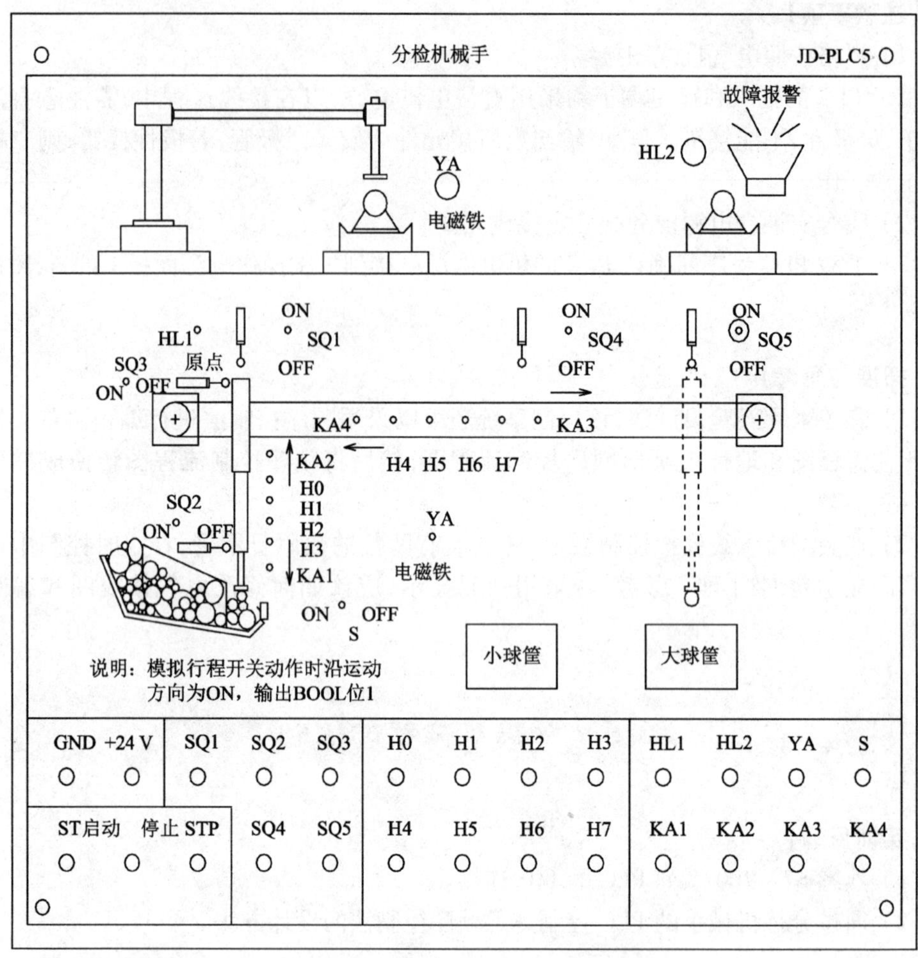

图 6-5-1 分拣机械手控制系统模拟实训板

具体控制要求如下：

(1) 机械手处于原位，HL1 复位指示灯亮。

(2) 压下启动按钮 ST，机械手下降，KA2 下降指示灯亮。若 S 打到"ON"位，则说明是大球，延时 5 s 点亮 H0，H1；若 S 打到"OFF"位，则说明是小球，依次延时 3 s，点亮 H0，H1，H2，H3，前面的两盏灯依次熄灭，H2，H3 一直点亮，直至收到下一步信号。

(3) 打开下位行程开关 SQ2，说明下降到位，运动指示灯 H2，H3 熄灭，同时 YA 灯点亮并保持，表示机械手夹住物料。

(4) 延时 3 s，KA1 灯点亮，机械手上升，若为大球，则点亮 H1，H0 灯，等待 SQ1 信号；若为小球，则依次延时 3 s，点亮 H3，H2，H1，H0 灯，等待 SQ1 信号。

(5) 若 SQ1 得电，则 KA4 灯点亮，表示机械手开始右移。

(6) 若为大球，则 H4，H5，H6，H7，KA3 依次延时 3 s 点亮，KA3 保持至 SQ5 按下，表示右移到位，开始下降，则 KA2 点亮；若为小球，则 H4，H5，KA3 依次延时 3 s 点亮，KA3 保持至 SQ4 按下，表示右移到位，则 KA2 点亮，开始下降。

(7) 重复下降动作。

(8) 若 SQ2 按下,下降到位,则 YA 灯熄灭,表示机械手释放,延时 3 s。

(9) 重复上升动作。

(10) 若左移返回原点,SQ3 按下,则表示左移到位,机械手再次重复动作。

(11) 若在控制过程中第 4 步至第 8 步之间 YA 失电,则故障报警灯亮。

【实训设备】

(1) SIEMENS S7－200 /CPU 226 PLC 一台。

(2) 分拣机械手模拟实训板一块。

【实训原理】

1. I/O 的分配

根据控制要求,需使用 PLC 的 8 个输入点和 15 个输出点,I/O 的分配如表 6-5-1 所示。

表 6-5-1　I/O 的分配

输入信号			输出信号		
代号	名称	输入继电器	代号	名称	输出继电器
ST	启动按钮	I0.0	HL1	复位指示灯	Q0.0
STP	复位按钮	I0.1	KA1	上升指示灯	Q0.1
S	大小球选择开关	I0.2	KA2	下降指示灯	Q0.2
SQ1	上限位开关	I0.3	KA3	左行指示灯	Q0.3
SQ2	下限位开关	I0.4	KA4	右行指示灯	Q0.4
SQ3	左限位开关	I0.5	YA	吸引电磁阀	Q0.5
SQ4	右限位开关(小球)	I0.6	H0	运动指示灯	Q0.6
SQ5	右限位开关(大球)	I0.7	H1	运动指示灯	Q0.7
			H2	运动指示灯	Q1.0
			H3	运动指示灯	Q1.1
			H4	运动指示灯	Q1.2
			H5	运动指示灯	Q1.3
			H6	运动指示灯	Q1.4
			H7	运动指示灯	Q1.5
			HL2	故障报警灯	Q1.6

2. 电气接线图

图 6-5-2 所示为分拣机械手控制系统电气接线图。

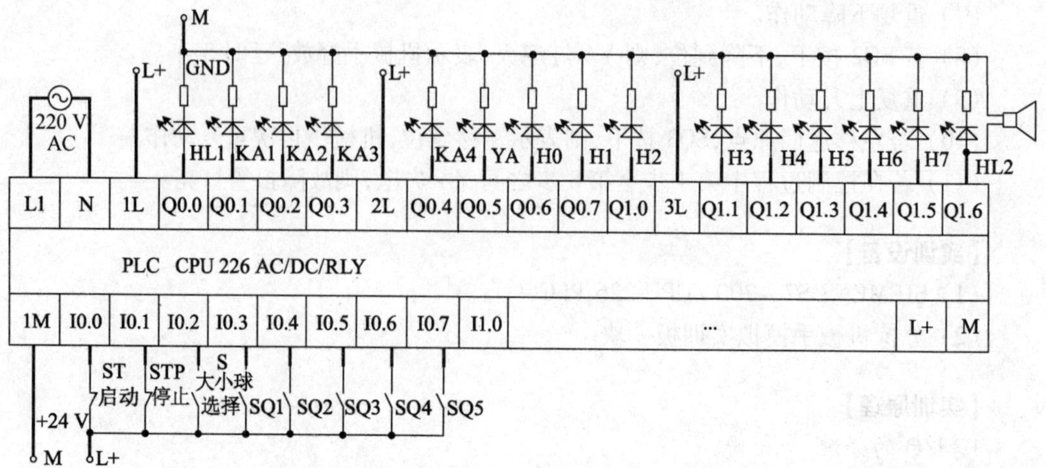

图 6-5-2 分拣机械手控制系统电气接线图

3. 系统的顺序控制流程图

根据控制要求和地址分配表可以画出如图 6-5-3 所示的系统的顺序控制流程图。

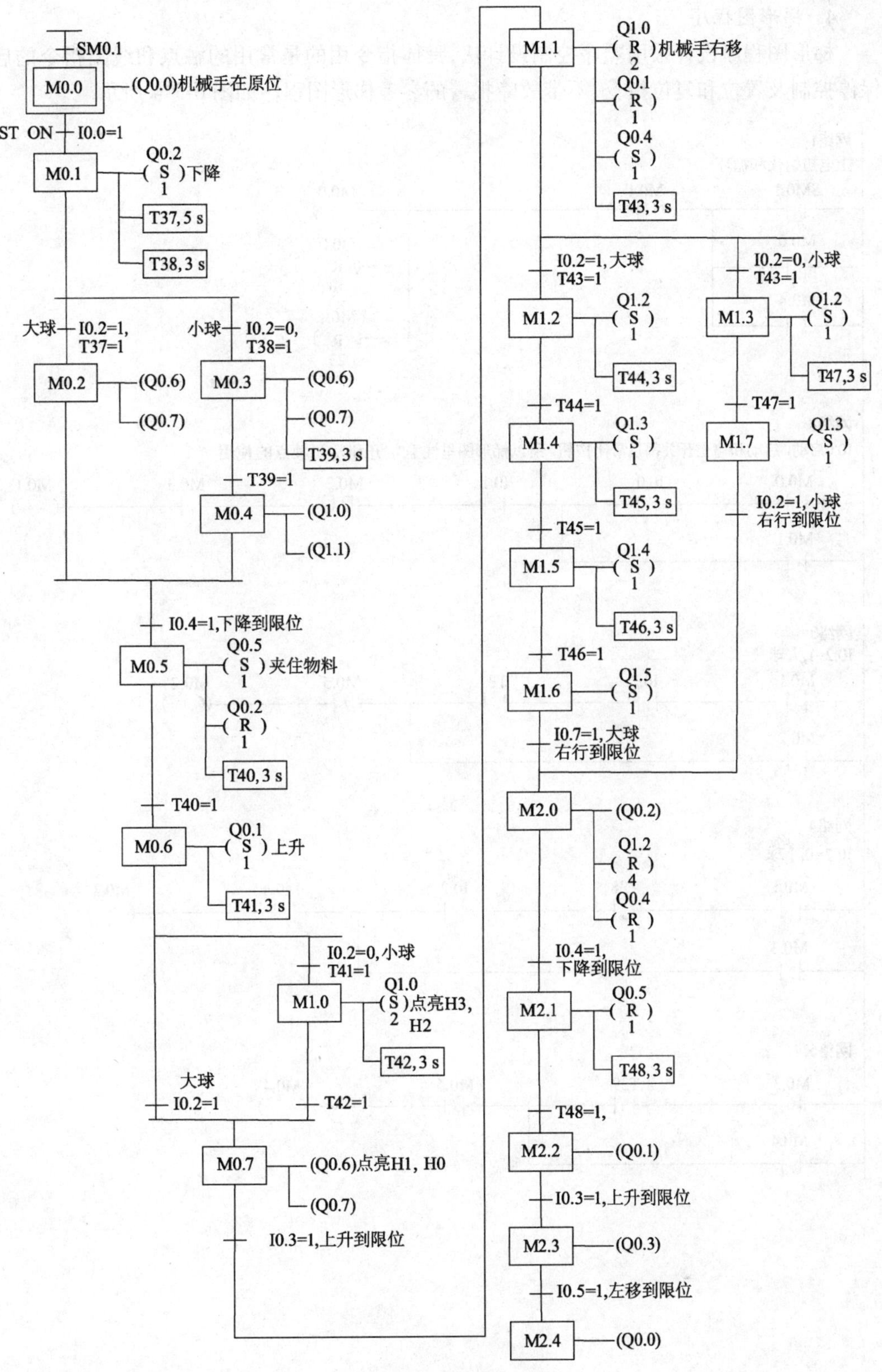

图 6-5-3　顺序控制流程图

4. 梯形图程序

梯形图程序设计采用顺序控制设计法，具体指令用的是常用的触点和线圈指令的启保停控制及置位和复位指令，不带故障报警的参考梯形图程序如图6-5-4所示。

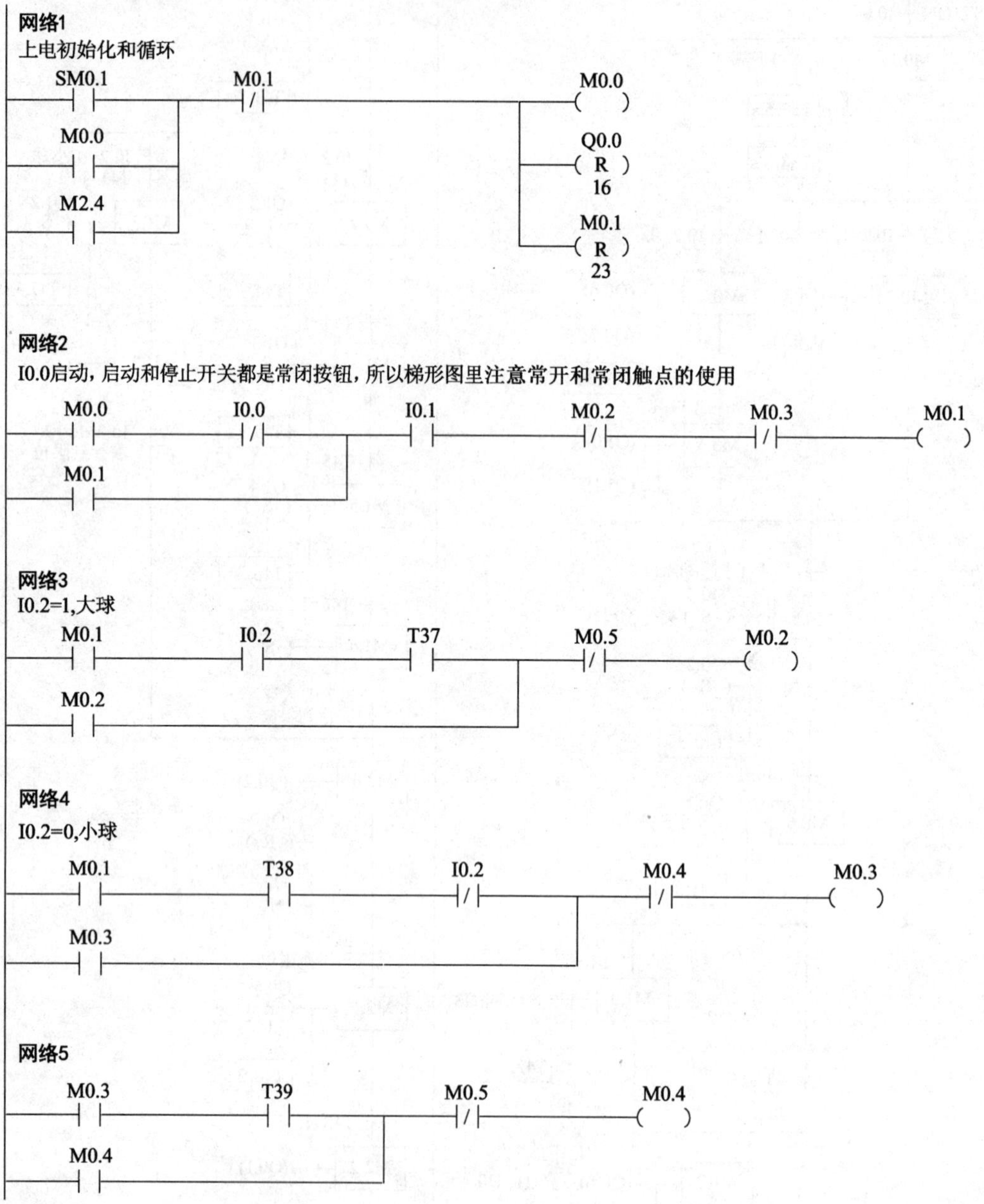

网络1
上电初始化和循环
SM0.1 M0.1 M0.0
M0.0 Q0.0 R 16
M2.4 M0.1 R 23

网络2
I0.0启动，启动和停止开关都是常闭按钮，所以梯形图里注意常开和常闭触点的使用
M0.0 I0.0 I0.1 M0.2 M0.3 M0.1
M0.1

网络3
I0.2=1,大球
M0.1 I0.2 T37 M0.5 M0.2
M0.2

网络4
I0.2=0,小球
M0.1 T38 I0.2 M0.4 M0.3
M0.3

网络5
M0.3 T39 M0.5 M0.4
M0.4

网络6
I0.4=1,下降到限位

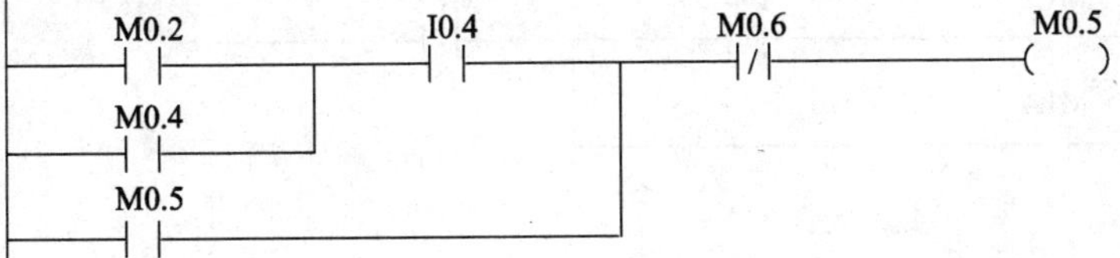

M0.2　I0.4　M0.6　M0.5
M0.4
M0.5

网络7
T40=1,

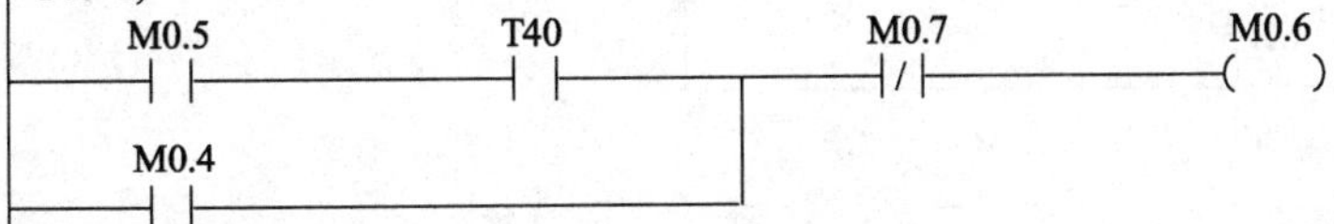

M0.5　T40　M0.7　M0.6
M0.4

网络8
小球,点亮H2,H3

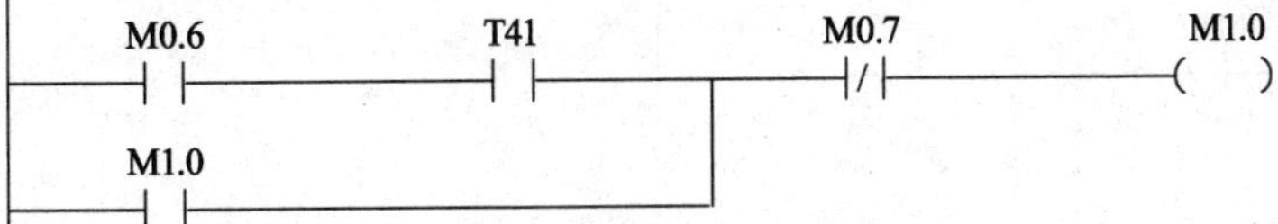

M0.6　T41　M0.7　M1.0
M1.0

网络9
大球和小球,都点亮H0,H1

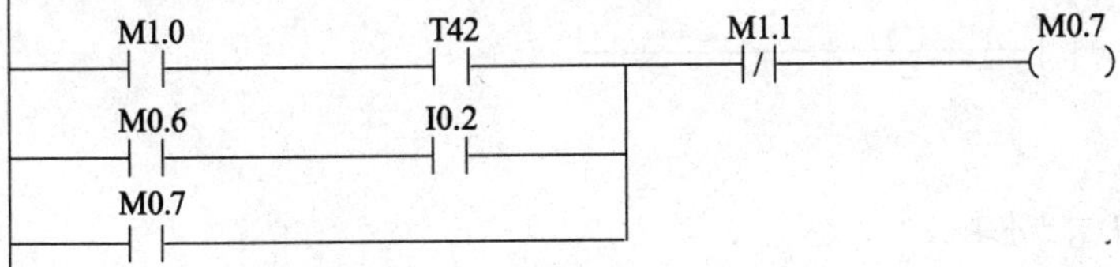

M1.0　T42　M1.1　M0.7
M0.6　I0.2
M0.7

网络10
I0.3=1,上升到限位

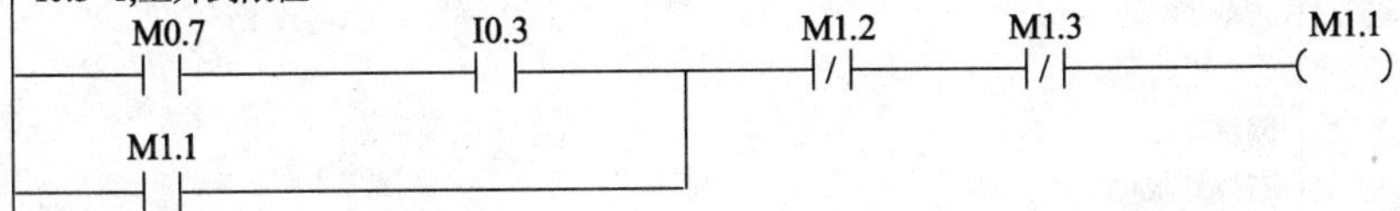

M0.7　I0.3　M1.2　M1.3　M1.1
M1.1

网络11
上升后,为大球

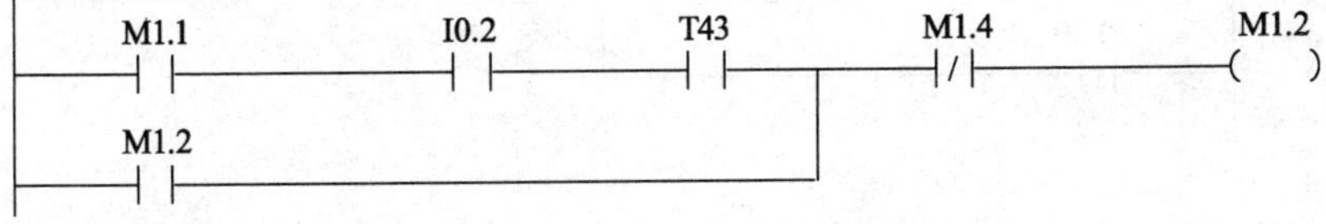

M1.1　I0.2　T43　M1.4　M1.2
M1.2

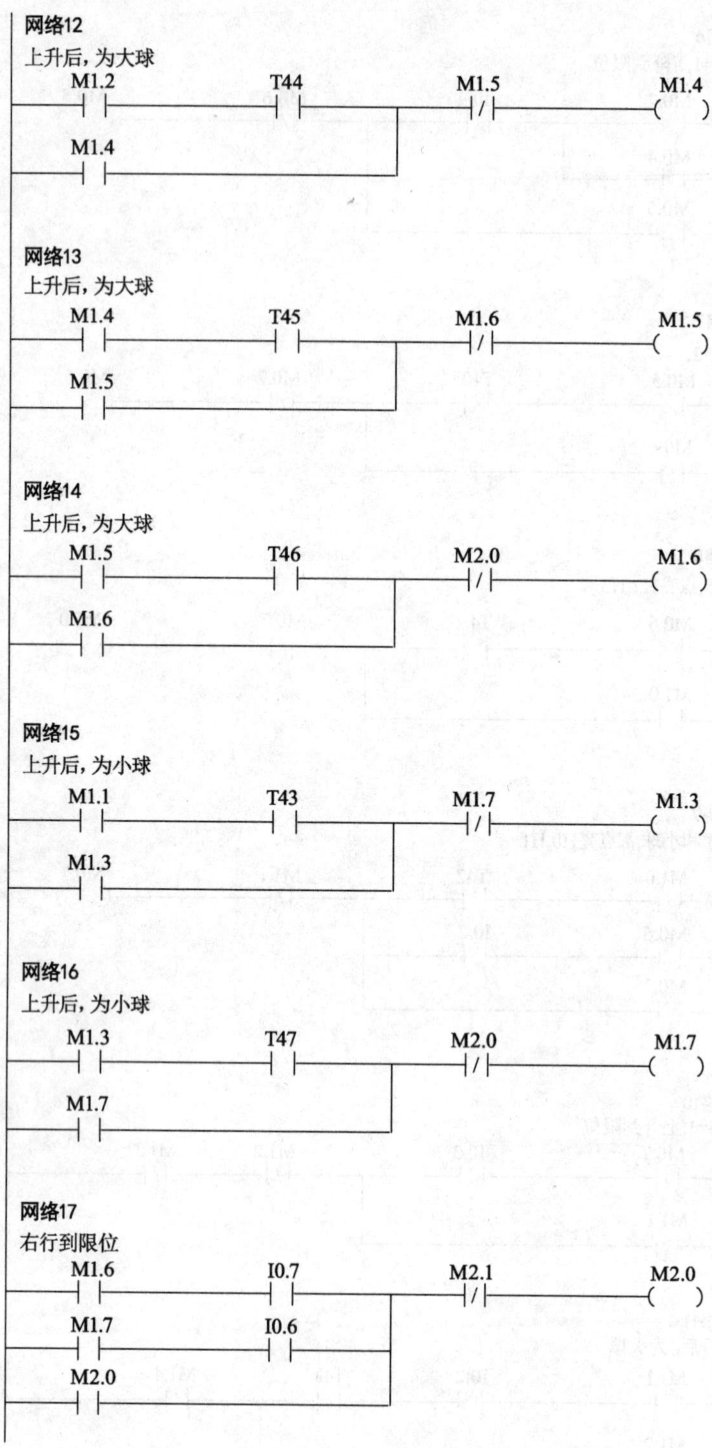
网络12
上升后，为大球
M1.2
T44
M1.5
M1.4
M1.4
网络13
上升后，为大球
M1.4
T45
M1.6
M1.5
M1.5
网络14
上升后，为大球
M1.5
T46
M2.0
M1.6
M1.6
网络15
上升后，为小球
M1.1
T43
M1.7
M1.3
M1.3
网络16
上升后，为小球
M1.3
T47
M2.0
M1.7
M1.7
网络17
右行到限位
M1.6
I0.7
M2.1
M2.0
M1.7
I0.6
M2.0

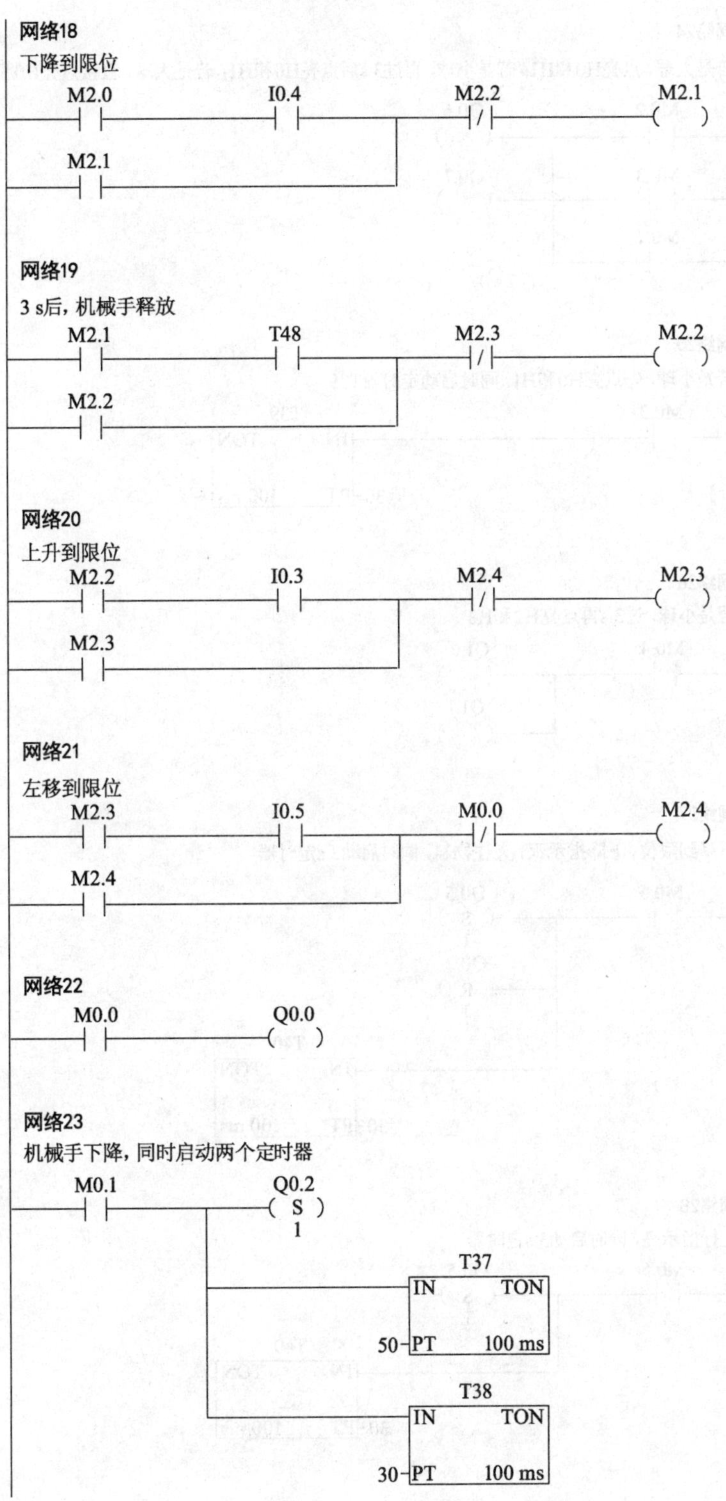
网络18
下降到限位
M2.0
I0.4
M2.2
M2.1
M2.1
网络19
3 s后，机械手释放
M2.1
T48
M2.3
M2.2
M2.2
网络20
上升到限位
M2.2
I0.3
M2.4
M2.3
M2.3
网络21
左移到限位
M2.3
I0.5
M0.0
M2.4
M2.4
网络22
M0.0
Q0.0
网络23
机械手下降，同时启动两个定时器
M0.1
Q0.2
S
1
T37
IN
TON
50
PT
100 ms
T38
IN
TON
30
PT
100 ms

网络24

若是大球，点亮H0和H1；若是小球，再过3 s后点亮H0和H1；若是大球，直接点亮H0和H1

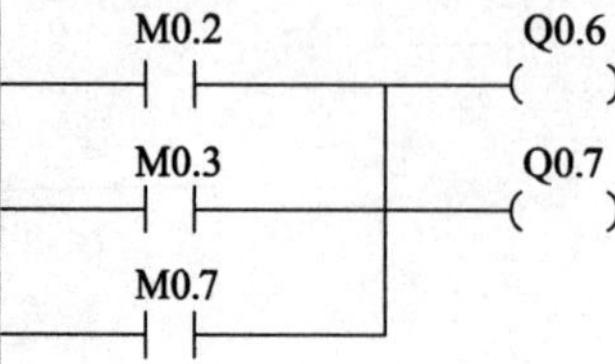

网络25

若是小球，先点亮H0和H1，同时启动定时器T39

M0.3
T39
IN TON
30 PT 100 ms

网络26

若是小球，过3 s再点亮H2和H3

M0.4
Q1.0
Q1.1

网络27

下降到限位，下降指示灭，夹住物料，同时启动3 s定时器

M0.5
Q0.5
S
1
Q0.2
R
1
T40
IN TON
30 PT 100 ms

网络28

上行指示亮，同时启动3 s定时器

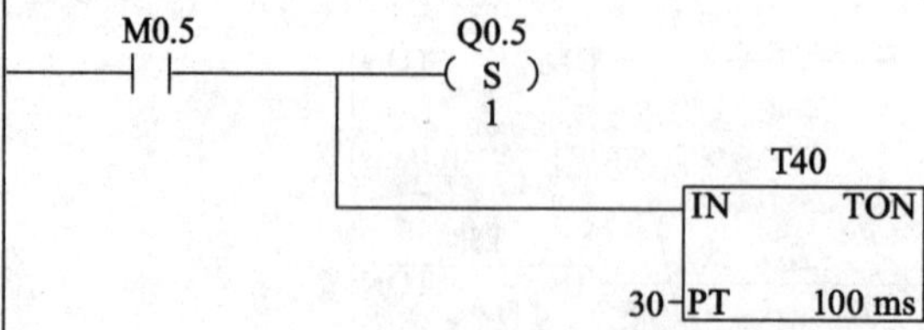

网络29

若是小球，3 s后点亮H2,H3

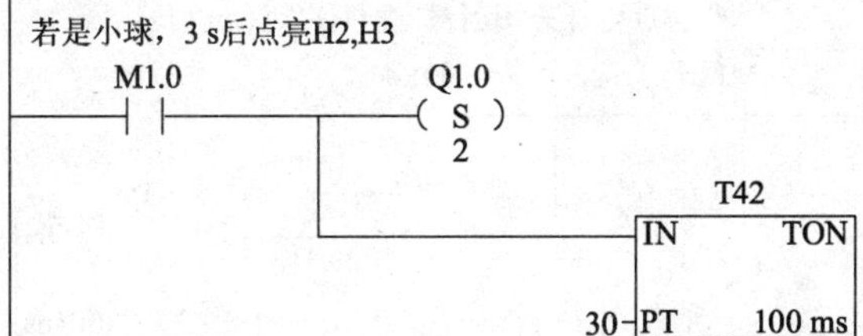

网络30

上升到限位，上升指示和运行灯灭，开始右行，同时启动3 s定

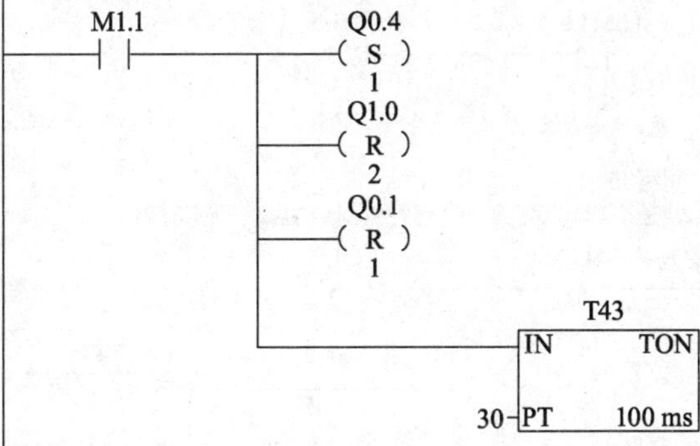

网络31

若是大球，点亮运行灯，同时启动3 s定时器

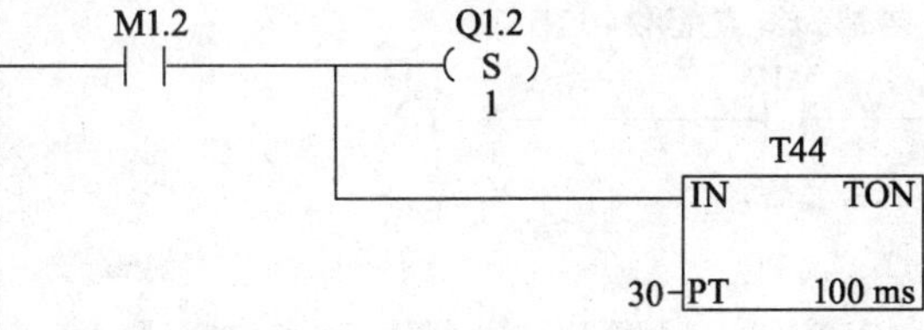

网络32

若是大球，再点亮第2个运行灯，同时启动3 s定时器

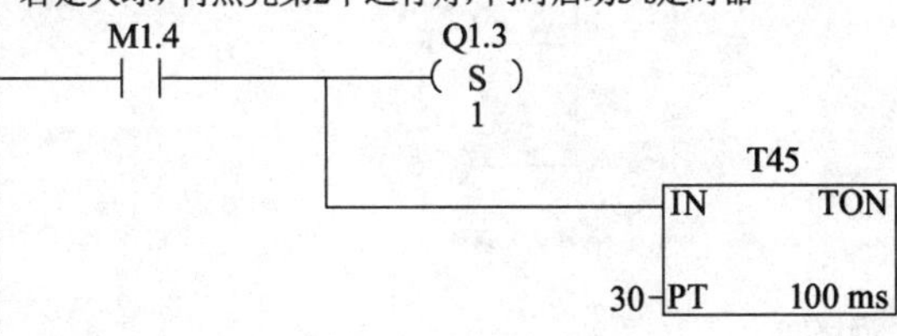

网络33

若是大球，再点亮第三个运行灯，同时启动3 s定时器

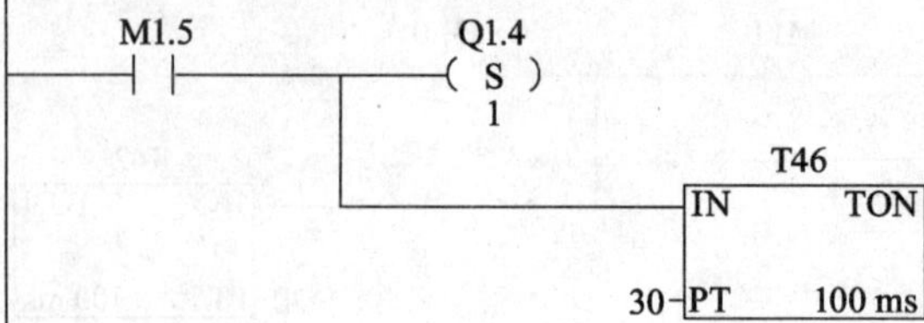

网络34

若是大球，再点亮第四个运行灯

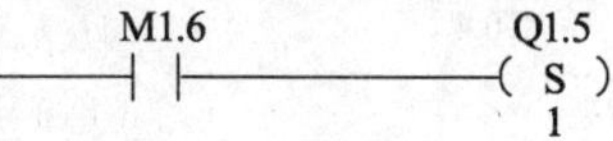

网络35

若是小球，点亮第一个运行灯，同时启动3 s定时器

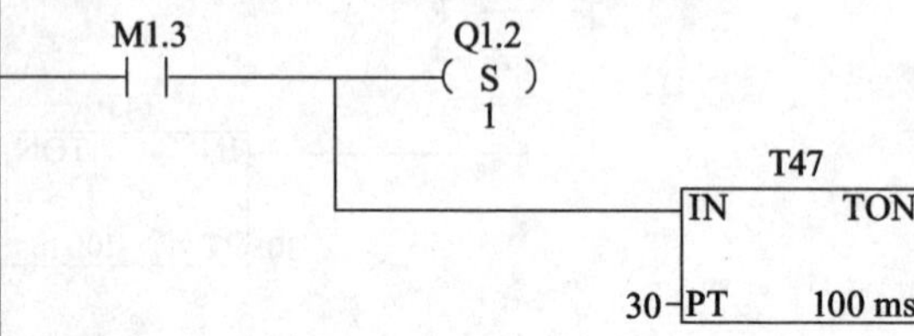

网络36

若是小球，点亮第2个运行灯

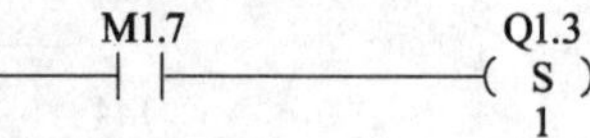

网络37

右行到限位，机械手下降，同时复位运行灯和右行指示灯

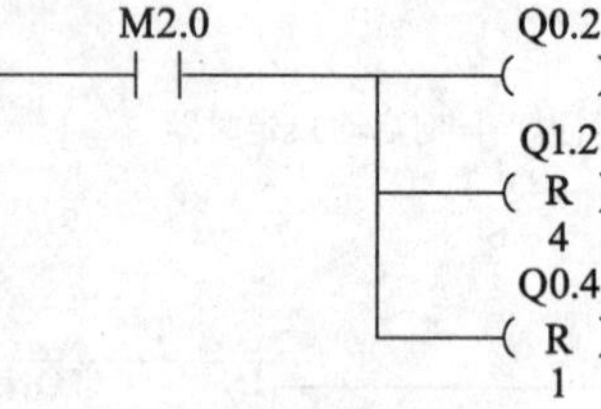

网络38

下降到限位，机械手释放，同时启动3 s定时器

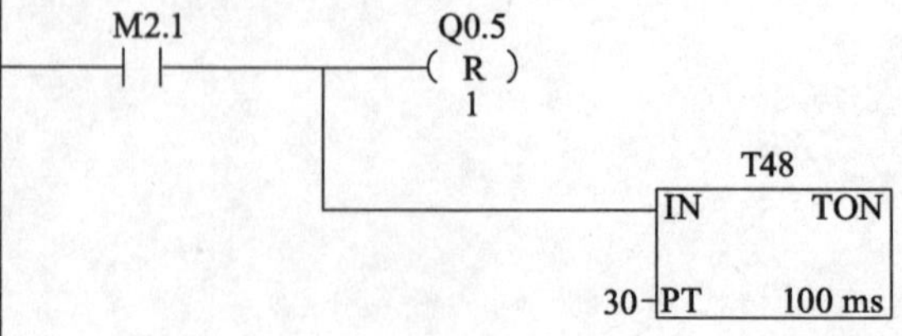

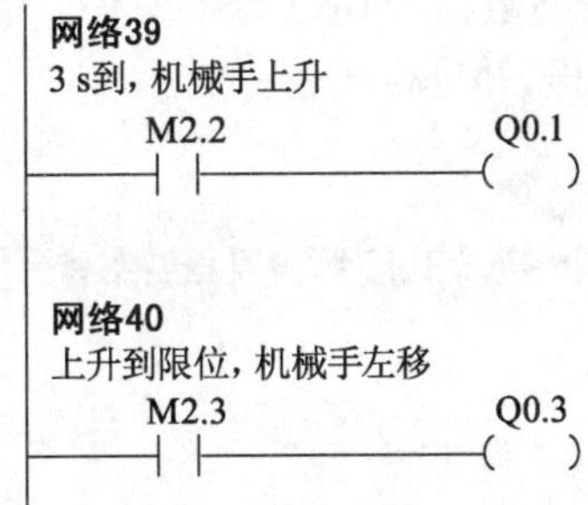

图 6-5-4　分拣机械手控制系统参考梯形图程序

【操作步骤】

(1) 按图 6-5-2 所示连接分拣机械手控制系统电气线路。

注意：图中粗实线为需要接线部分，细实线为模拟板已有接线不需再接。

电气接线按照三步进行，首先接 PLC 供电电源，N 和 L1 接 220 V 电源；再接 PLC 输入点，公共端 1M 接 M，再分别从输入点引线接到各个对应的外部元件，由于模拟板已将输入元件的其中一端共同接到 +24 V 端子，所以要把 +24 V 端子接到 PLC 的 L+；最后接 PLC 输出点，先将输出点的公共端 1L,2L 接到 L+，再分别从输出点引线接对应的元件，由于模拟板已经将输出点的其中一端共同接到 GND 端子，所以要把 GND 端子接到 PLC 的 M 端。

(2) 检查接线是否有误。

(3) 按照控制要求和顺序流程图编写梯形图程序。

(4) 下载程序。

在确认接线无误的情况下，合上实训台总电源(位于实训台靠近电脑一侧的侧面)并确认 PLC 的供电电源；首先建立在线连接，然后在 PLC 工作正常后下载程序。

(5) 调试程序。

设置 PLC 程序状态为运行状态，按下启动按钮后，系统按控制要求运行。

【注意事项】

(1) 严格按照电气接线图接线。

由于 PLC 的输入和输出端子均采用直流电供电，所以接线过程中需注意直流电源的正、负极性，不能接错。例如，输出点所接元件为发光二极管，若极性接错，则二极管不能正常工作。

(2) 启动和停止按钮的硬件结构为常闭按钮，在梯形图编程时要注意区分用常开触点还是常闭触点。

(3) 接通实训台电源前务必确定接线无误。

下载 PLC 程序前确认 PLC 的供电电源已接到二次操作电源面板上的 A,N 接线端子。

【拓展与思考】

在顺序控制编程中，除了用常用指令的启保停进行辅助继电器的状态转移之外，还可以采用移位寄存器指令或者顺序控制继电器(SCR)指令编程。请采用移位寄存器指令和顺序控制继电器(SCR)指令分别编程,并进行比较。

6.6 异步电动机的变频调速控制

【实训目的】

(1) 了解变频调速控制系统的构成、变频调速的原理,以及变频器的使用方法。

(2) 熟练掌握PLC控制系统的PID编程及模拟量输入、输出模块的使用方法。

【实训要求】

(1) MM420变频器的基本设置和操作。

(2) 使用MM420变频器和PLC控制电动机的转速。

【实训设备】

(1) SIEMENS PLC(CPU-226)、模拟量扩展AI/O模块(EM235)。

(2) SIEMENS变频器(MM420)。

(3) 三相异步电动机。

(4) 光电编码器。

【实训原理】

本实训台配置的变频器为西门子420系列变频器(包括变频器、BOP操作面板)。MM420变频器外观如图6-6-1所示,额定功率为750 W,输出频率范围为0~650 Hz。

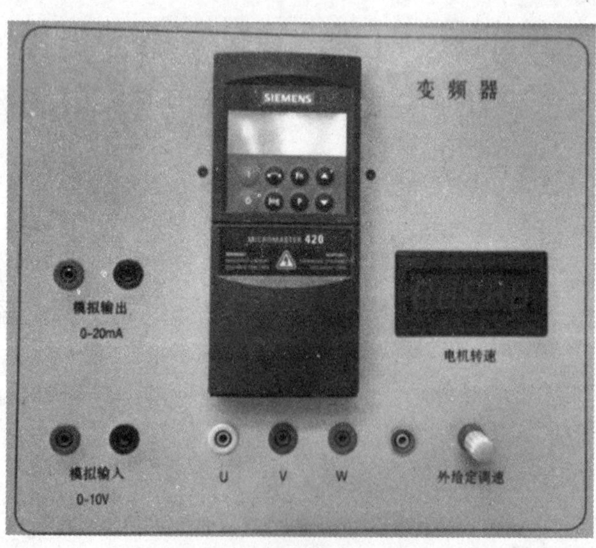

图6-6-1 MM420变频器

面板上有U,V,W三相输出口、模拟量输出口(0~20 mA)、模拟量输入口(0~10 V)及电位器。

(1) 模拟量输出口(0~20 mA)

对应变频器12,13号端子,输出电流和调定变频器的运行频率成正比,如最高频率为50 Hz,当运行在50 Hz时,输出为20 mA;最高频率为650 Hz,当运行在650 Hz时,输出为20 mA。

(2) 模拟量输入口(0~10 V)

对应变频器1,2号端子,输入0~10 V的电压信号,对应变频器产生的频率为0~最高频率。例如,将变频器最高频率设定为50 Hz时,端口输入10 V电压信号,变频器运行在50 Hz,端口输入5 V信号时,变频器运行在25 Hz。

(3) 电位器

对应变频器3,4号端子,与模拟量输入口(0~10 V)通过转换开关连接至变频器端子,旋转电位器能产生0~10 V的电压信号,以便手动控制变频器的频率。

【操作步骤】

(1) 学会使用基本操作面板(BOP)。

基本操作面板(BOP)具有7段显示的5位数字,可以显示参数的序号和数值、报警和故障信息,以及设定值和实际值。

① 基本操作面板(BOP)上的按钮使用。

基本操作面板按钮说明如表6-6-1所示。

表6-6-1 基本操作面板按钮说明

显示/按钮	功 能	功能的说明
1	启动变频器	按下此按钮启动变频器。缺省值运行时,此按钮是被封锁的;启用时,设P0700=1
0	停止变频器	按一次时,变频器将按设定下降速率减速行车,按两次时,电机将在惯性作用下自由行车。启用此按钮时,设P0700=1
⤺⤻	改变电机的转动方向	启用此按钮时,设P0700=1
jog	电动机点动	在变频器无输出时,按此按钮,电机按设定的点动频率点动运行。如变频器在工作,此按钮无效
Fn	功能	此按钮用于浏览辅助信息,如:直流回路电压、输出电流、输出频率、输出电压
P	访问参数	按此按钮可访问参数
▲	增加数值	按此按钮可增加面板上显示的参数值
▼	减少数值	按此按钮可减少面板上显示的参数值

② 用基本操作面板(BOP)更改参数的数值(以 P0004 为例)。

操作步骤	显示结果
a. 按下按钮 P 进入编程状态访问参数	r000
b. 按下按钮▲直到显示出 P0004	P0004
c. 按下按钮 P 进入参数数值访问	0
d. 按下按钮▲或▼直到显示所需要数值	3
e. 按下按钮 P 确认并存储参数数值	P0004
f. 按下按钮▲或▼直到显示 r000	r000
g. 按下按钮 P 确认退出编程状态	按 P005 的设定显示

变频器具体参数的概览和其他操作、工作方法可查阅变频器操作手册。

③ 进行变频器的快速调试。

对于很多用户来说,利用制造厂的缺省设定值就可以使变频器投入运行。如果工厂的缺省设定值不适合设备情况,就要利用基本操作板(BOP)修改参数,以使变频器与电动机的参数匹配。

根据变频器使用手册上的快速调试流程进行调试,相关参数设置如表 6-6-2 所示。变频器快速调试的流程图如图 6-6-2 所示。

表 6-6-2 变频器快速调速参数设定值

参数号	设定值	参数号	设定值
P0010	1	P0700	1
P0100	0	P1000	1
P0304	380	P1080	0
P0305	0.16	P1082	50
P0307	0.06	P1120	10
P0310	50	P1121	10
P0311	1400	P3900	1

注：① 与电动机有关的参数，请参看电动机的铭牌。
② 表示该参数包含有更详细的设定值表，可用于特定的应用场合。请参看CD上的"参考手册"和"操作说明书"。

图 6-6-2　变频器快速调试流程图(仅适用于第 1 访问级)

需要注意的是，数显块显示值为电机在 0 ~ 50 Hz 运行范围内对应的转速，如频率超出这个范围，对应转速不准确，且它的信号由 0 ~ 20 mA 处接入。如 0 ~ 20 mA 用作它用，最好将这两根线拆掉。

④ 变频器操作。

快速调试结束后可以对变频器进行启动、停止、正反转和点动操作。

(2) 使用 S7 - 200 PLC 模拟量扩展模块 EM235 控制变频器开环运行。

模拟量信号是一种连续变化的物理量，在工业控制中，要对这些模拟量进行采集并输送给 PLC 的 CPU，必须先对这些模拟量进行模/数(A/D)转换，使用模拟量进行控制时也要将 CPU 产生的数据进行数/模(D/A)转换。

EM235 具有 4 路模拟量输入通道、1 路模拟量输出通道，能接收不同电压和不同电流范围的模拟信号，能带电压型和电流型负载。EM235 硬件接线如图 6-6-3 所示。软件编程如图 6-6-4 所示。

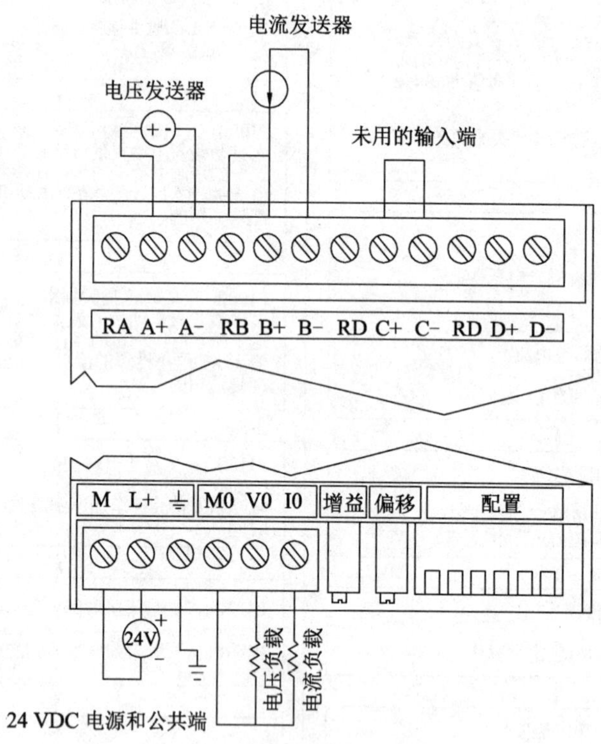

图 6-6-3　EM235 硬件接线图

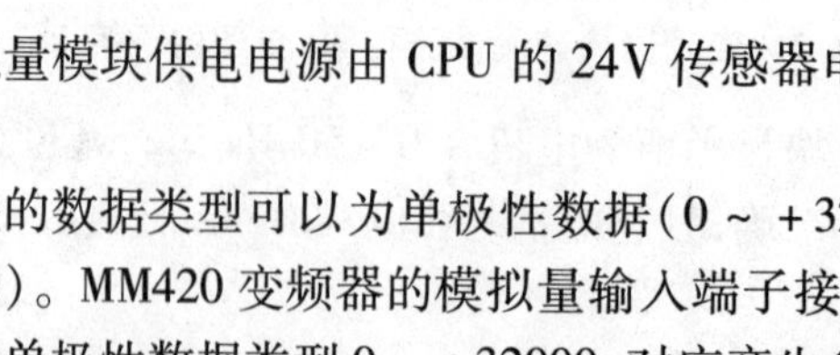

SM0.0
MOV_W
EN ENO
16 000 IN OUT AQW0

图 6-6-4　EM235 软件编程

需要注意的是，模拟量模块供电电源由 CPU 的 24V 传感器电源提供；变频器模拟量输入端为电压型负载。

模拟输入、输出模块的数据类型可以为单极性数据(0 ~ +32000)，也可以为双极性数据(−32000 ~ +32000)。MM420 变频器的模拟量输入端子接收 0 ~ 10 V 的单极性电压信号，因此使用模拟量单极性数据类型 0 ~ +32000，对应产生 0 ~ 50 Hz 的频率。

变频器参数设定包括 P1000 和 P0700 两部分的设置。

① 参数 P1000 的设置。

P1000 = 2 为模拟量电压信号控制变频器频率,使用模拟量输入、输出模块 EM235 输出 0 ~ 10 V 电压信号控制变频器的频率在 0 ~ 50 Hz 运行。

② 参数 P0700 的设置。

P0700 = 1 变频器的启停控制信号由 BOP 控制面板给定。

P0700 = 2 变频器的启停控制信号由端子 5,9 给定,在端子 5,9 间加入一个 24 V 电压信号即可,可使用 PLC 上的输出点给定该控制信号。

(3) 使用 S7 - 200 PLC 及变频器应用 PID 算法控制电机闭环运行。

为控制系统稳定可靠地运行,必须使系统闭环运行,PID 算法是最基本的闭环控制算法。PID 算法结构如图 6-6-5 所示。

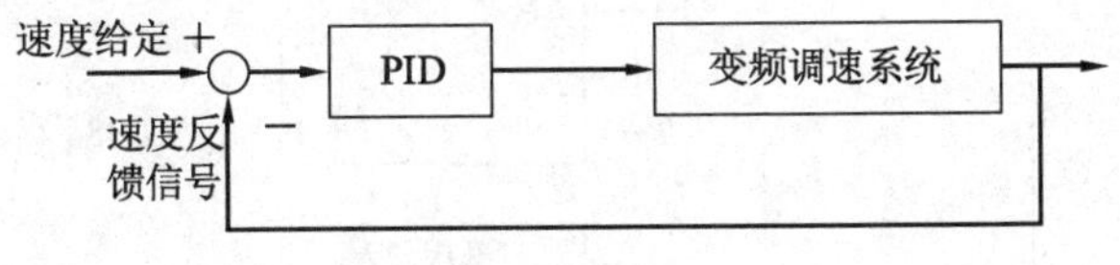

图 6-6-5 PID 算法结构

① 速度采集。

S7 - 200 PLC 具有高速脉冲采集功能,采集频率可以达到 30 kHz,共有 6 个高速计数器(HSC0 ~ HSC5),工作模式有 12 种。在固定时间间隔内采集脉冲差值,通过计算即可获得电动机的当前转速。例如,每 100 ms 采集一次脉冲数,光电开关每转发出 8 个脉冲,则速度为$\frac{\Delta m}{0.1 \times 8} \times 60$(转/分),为 100 ms 内的脉冲差。

② 硬件接线和软件编程。

速度采集硬件接线如图 6-6-6 所示。

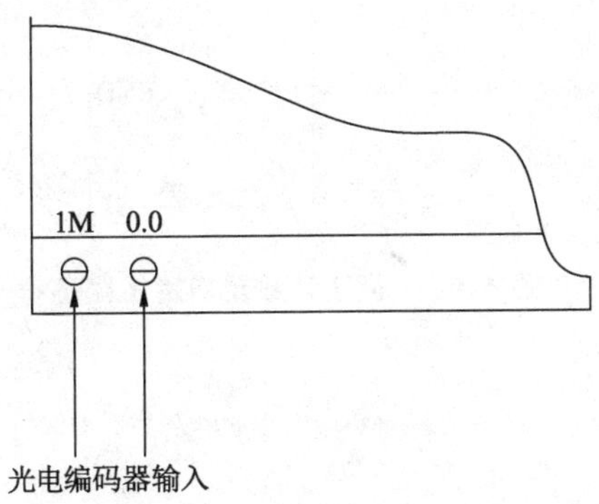

图 6-6-6 速度采集硬件接线

软件编程时,在 PLC 上电第一个扫描周期,对高速计数器的控制字节进行设置后(相关控制字节的定义请参考 S7200 系统手册),可以周期性采集高速计数器的计算值,通过相应计算即可获取电机转速。软件编程如图 6-6-7 和图 6-6-8 所示。

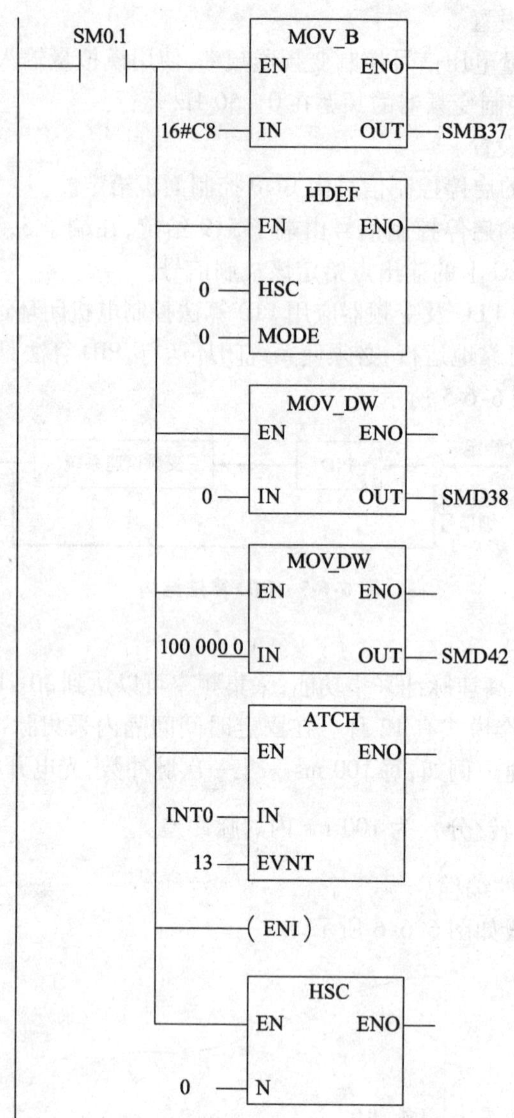

图 6-6-7　高速计数器初始化程序

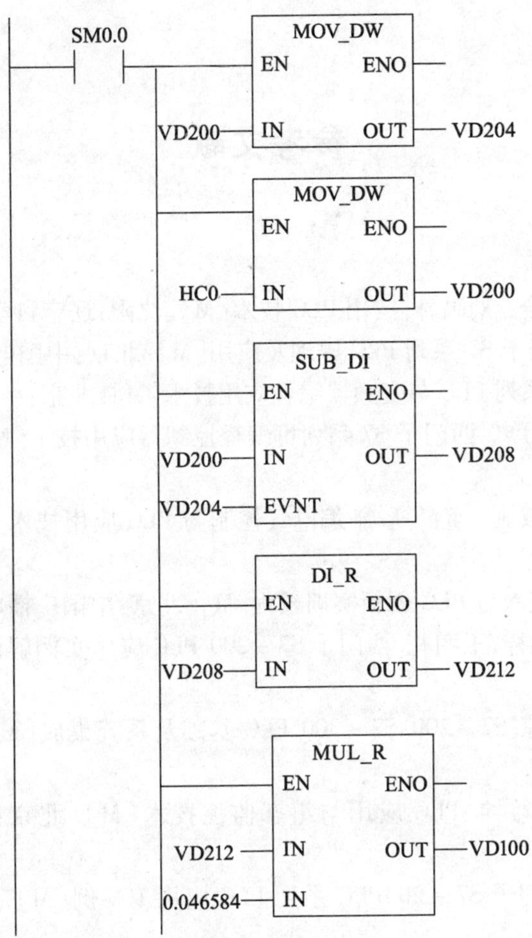

图6-6-8　速度采集与速度计算程序

【注意事项】

(1) 按照变频器使用说明进行硬件接线。

(2) 接通实训台电源前务必确定接线无误。

参考文献

[1] 王建，马新合，刘禹林. 实用PLC技术[M]. 沈阳：辽宁科学技术出版社，2010.

[2] 张红涛. 西门子S7系列PLC原理及应用[M]. 北京：中国电力出版社，2014.

[3] 刘瑞华. S7系列PLC与变频器综合应用技术[M]. 北京：中国电力出版社，2009.

[4] 秦绪平，张万忠. 西门子S7系列可编程控制器应用技术[M]. 北京：化学工业出版社，2011.

[5] 高安邦，智淑亚，董泽斯. 新编电气控制与PLC应用技术[M]. 北京：机械工业出版社，2013.

[6] 杨梅. 电气控制与PLC创新实训教程[M]. 北京：中国广播电视出版社，2014.

[7] 李长军，刘福祥，王明礼. 西门子S7-200 PLC应用实例解说[M]. 北京：电子工业出版社，2011.

[8] 姚晓宁，郭琼. S7-200/S7-300 PLC基础及系统集成[M]. 北京：机械工业出版社，2015.

[9] 王艳芬，侯益坤. PLC应用与组态监控技术[M]. 北京：北京理工大学出版社，2012.

[10] 郑凤翼. 西门子S7-200PLC系列PLC应用100例[M]. 北京：电子工业出版社，2012.

[11] 杜逸鸣，王平. 电气控制实训教程[M]. 南京：东南大学出版社，2006.

[12] 史国生，鞠勇. 电气控制与可编程控制器技术实训教程[M]. 北京：化学工业出版社，2010.